İren Özgün Nalçacı
İshak Afşin Kariper
Bayram Akarsu

Çevre Kirliliği Konusunun Yaratıcı Drama Yöntemi ile İşlenmesi

İren Özgün Nalçacı
İshak Afşin Kariper
Bayram Akarsu

Çevre Kirliliği Konusunun Yaratıcı Drama Yöntemi ile İşlenmesi

Türkiye Alim Kitapları

Impressum / Künye
Bibliografische Information der Deutschen Nationalbibliothek: Die Deutsche Nationalbibliothek verzeichnet diese Publikation in der Deutschen Nationalbibliografie; detaillierte bibliografische Daten sind im Internet über http://dnb.d-nb.de abrufbar.

Deutsche Nationalbibliothek tarafından yayınlanan bibliyografik bilgiler: Deutsche Nationalbibliothek, bu yayını Deutsche Nationalbibliografie'de listeler; detaylı bibliyografik bilgi İnternet'te http://dnb.d-nb.de sitesinde mevcuttur.

Coverbild / Kitap kapağı resmi: www.ingimage.com

Verlag / Yayıncı:
Türkiye Alim Kitapları
ist ein Imprint der / yayınevinin bir ticari markasıdır
OmniScriptum GmbH & Co. KG
Bahnhofstraße 28, 66111 Saarbrücken, Deutschland / Almanya
Email / E-posta: info@turkiye-alim-kitaplary.com

Herstellung: siehe letzte Seite /
Basım yeri: son sayfaya bakın
ISBN: 978-3-639-81066-0

ÇEVRE KİRLİLİĞİ KONUSUNUN YARATICI DRAMA YÖNTEMİ İLE İŞLENMESİ

ÖZET

Bu araştırma İlköğretim 4.sınıf Fen ve Teknoloji Dersi, "Çevremizdeki Kirlilik" konusunun yaratıcı drama yöntemiyle işlenmesinin, öğrencilerin çevre konusunda farkındalığını üzerindeki etkililiğini ortaya çıkarmayı amaçlamaktadır. Araştırmanın çalışma grubunu 2011–2012 eğitim öğretim yılında Kayseri ili, Melikgazi ilçesinde yer alan birilköğretim okulunda öğrenim gören 4-B sınıfıöğrencileri oluşturmuştur. Bu araştırmada karma araştırma metodu -nitel ve nicel yöntem- kullanılmıştır. Karma metodun kullanıldığı bu araştırmanın nicel kısmını derlenen Çevresel Farkındalık Ölçeğinin uygulanmasından elde edilen sonuçların değerlendirilmesi oluşmaktadır. Araştırmanın nitel kısmını ise süreç sonunda öğrencilere uygulanan Yaratıcı Drama Yöntemine İlişkin Öğrenci Değerlendirme Formunda bulunan açık uçlu sorulara öğrenciler tarafından verilen yanıtların analiz edilmesi oluşturmaktadır.Öğrencilere uygulanan 36 maddelik Çevresel Farkındalık Ölçeği pilot çalışma sonucunda SPSS 16.0 paket program ile değerlendirilerek Cronbach's Alpha değeri 0,772 olarak tespit edilmiştir. Çalışma ortamı için uygulamanın yapıldığı sınıf drama için uygun hale getirilmiştir. Çalışma grubunun Fen ve Teknoloji dersi 'Çevremizdeki Kirlilik" konusuna dair derlenerek geliştirilen Çevresel Farkındalık Ölçeği ön test ve son test puanlarının karşılaştırılarak öğrencilerin –tek tek- uygulama öncesi ve sonrasındaki farklılıkları belirlenmiştir. Öğrencilerin ön test ve son test toplam puanlarının t testi ile SPSS programı yardımıyla değerlendirmesi sonucunda anlamlı farklılık ortaya çıkmıştır. Değerlendirme sonucunda $p<0.01$ değerine ulaşılmıştır. Bu değer yöntemin "Çevremizdeki Kirlilik" konusunun yaratıcı drama yöntemiyle işlenmesi sonucunda öğrencilerde anlamlı bir ilerleme olduğunu göstermektedir. Elde edilen bulgular ve bu bulguların değerlendirilmesi sonucunda yaratıcı drama yönteminin Fen ve Teknoloji dersinde kullanılmasının öğrencilerin çevresel farkındalıkları etkilemekte önemli bir yere sahip olduğu görülmektedir. Öğrencilerden alınan değerlendirme formlarının analizi yolu ile de elde edilen veriler bu sonucu desteklemektedir.

Anahtar Kelimeler: Fen eğitimi, çevresel farkındalık, yaratıcı drama, ilköğretim.

THE EFFECT OF USING CREATIVE DRAMA AS A METHOD IN SOCIAL SCIENCES CLASS ON STUDENTS' ACHIEVEMENT

ABSTRACT

This study aim to reveal effectiveness of the awareness of students in subject "Pollution in Our Environment" with creative drama in 4th class Science and Technology course. Group of this investigation includes elemantary students who are attending the class 4-B in mid-size primary school in Melikgazi, Kayseri in 2011-2012 academic year. In this investigation mixed research methodology were utilized. As quantitative method, interviews are applied application analyzing data and as qualitative method in the form of student assessment analyzing. As a result of the pilot study, 36-item Scale for Environmental Awareness was assessed by SPSS 16.0 package program and Cronbach's alpha value was determine as 0.772. For the application class has optimized for creative drama. Compiling and devoloping about "Pollution in Our Environment" theme in science and technology lesson Scale for Environmental Awareness, compare for each student and their differences between pre and post tests. Pre-test and post-test total scores of the students' assessment of the SPSS program and reached a value of $p < 0.01$. This value shows that students a significant improvement in "Pollution in Our Environment" theme. Its observed from findings and creative drama impact students environmental awareness Datas that are obtained findings with analayzing form of assessment taken from students.

Keywords: Science education, environmental awareness, creative drama elementary.

İÇİNDEKİLER

I.BÖLÜM

GİRİŞ

1.1 Problem Durumu

Pek çok alanda olduğu gibi eğitim alanında da çağı yakalama düşüncesinin ürünü olarak 2004 yılından itibaren ülkemizde yapılandırıcı yaklaşımdan söz edilmeye başlanmıştır. Aynı yıl pilot uygulamalarının yapılmasının ardından 2005 2006 eğitim öğretim yılında ülke genelinde uygulamaya geçilmiştir.

Bu yeni sistem genel olarak *Yapılandırmacı Yaklaşım* ya da *Yapılandırmacı Eğitim* gibi sözcükler ile kendisine yer bulmuştur. Bu söz öbeklerinin çıkış noktasını ise İngilizce *constructivism* kelimesi oluşturmaktadır. Yapılandırmacı bu yaklaşım için literatürde, *dünya görüşü* (Matthews, 2006) *bilginin oluşturulması* (Can, 2006) *bilme kuramı* (Açıkgöz, 2004) *bilgi inşası* (Pesen, 2008) *bilginin öğrenen tarafından üretilmesi* (Laçin, 2005) *bilgi teorisi* (Altun, 2004) şeklinde açıklamalar yapıldığı görülmektedir. Bu açıklamalar doğrultusunda yeni programın; bilginin öğrenen tarafından inşa edildiği, öğreneni merkeze alan ve süreçte etkin kılan bir yaklaşım olduğundan söz edilebilir.

Geliştirilen bu programda Hayat Bilgisi, Fen ve Teknoloji Eğitimi, Matematik, Türkçe ve Sosyal Bilgiler dersleri temel alınmıştır (Aykaç, 2008). Bilindiği üzere bu dersler büyük çoğunlukla bir öğrencinin eğitim öğretim hayatı boyunca karşılaştığı diğer derslerin de temelini oluşturmaktadır.

Türkiye'de Milli Eğitim Bakanlığı tarafından 2004-2005 eğitim- öğretim yılının başında ilköğretim müfredatı değiştirilerek Fen Bilgisi dersinin adı Fen ve Teknoloji dersi olmuştur. 2005-2006 eğitim- öğretim yılında yeni ilköğretim müfredatı, resmi olarak bütün okullarda uygulanmaya ve yeni programa göre yazdırılan ders kitapları okutulmaya başlanmıştır (Yangın, 2007). Yeni program dâhilinde öğrenim gören öğrencilerFen ve teknolojinin doğasını, ikisi arasındaki ilişkiyi, bunların toplum ve çevreyle etkileşimlerini anlar,Fen ve teknoloji ile ilgili meselelerde araçları, süreçleri ve stratejileri uygular,Yeniliklere karşı eleştirel ve sorumlu tutumlar geliştirmek için gerekli bilgi ve becerileri geliştirir,Çeşitli bireysel ve sosyal bağlamlarda bilimsel keşfin gelişimini, teknolojik değişimi, geçmişten günümüze insanların bilgi ve anlayışlarında meydana gelen değişimleri anlar,Fen ve teknoloji ile ilgili meselelerde çeşitli değerlerin, bakış açılarının ve kararların farkında olur ve sorumlu bir şekilde hareket eder,Bilimsel süreçleri ve teknolojik çözümleri sorgulayarak araştırır (MEB, 2004).

Fen ve Teknolojinin ayrı tutulamayacağı gerçeği, fen eğitiminin yalnızca kavram öğretimi ile sınırlandırılamayacağı gibi düşünceler fen konularının günlük hayata ve teknolojiye yansıyan yönlerine daha çok ağırlık verilmesine neden olmuştur (Çepni ve Çil 2009).

Fen Eğitimini belirtilen tarzda günlük hayata uyarlama çabaları daha önce çok sık kullanılmayan yöntem ve teknikleri kullanma fırsatı vermesinin yanı sıra yaşantılar yolu ile yaşantılar üzerine dayalı bir eğitimin kapılarını aralaması açısından da önem arz etmektedir.

Yeni program neticesinde ilköğretimde bulunan Fen ve Teknoloji dersleri için yedi ayrı öğrenme alanı öngörülmüştür. Bu alanlar şunlardır (MEB, 2005):

- Canlılar ve Hayat
- Madde ve Değişim
- Fiziksel Olaylar
- Dünya ve Evren
- Fen-Teknoloji-Toplum-Çevre ilişkileri (FTTÇ)
- Bilimsel Süreç Becerileri (BSB)
- Tutum ve Değerler

Öğrenme alanları özelinde inceleyecek olursak çalışmayı *Canlılar ve Hayat* öğrenme alanı kapsamaktadır. Bu öğrenme alanı çerçevesinde *Canlılar Dünyasını Gezelim, Tanıyalım* ünitesinde bulunan *Çevremizdeki Kirlilik* konusu yapılandırmacı yaklaşım genelinde, özel olarak yaratıcı drama yöntemi ile işlenecektir. Eğitim alanında kullanılan bu yönteme daha özel olarak "eğitici drama" ismi verilmektedir. Yani yaratıcı drama yönteminin eğitim- öğretim sürecinde kullanılması, bu sürece dâhil edilmesi ile eğitici dramadan bahsedilmektedir.

Eğitici drama, farklı öğrenme türlerini bir arada sunan bir etkinlik olması nedeniyle de yeni programa ve yapılandırmacı yaklaşıma uygunluk göstermektedir. Eğitici dramada kullanılan öğrenme türleri şu şekilde sıralanmıştır (Önder, 1999):

Yaşantılara dayalı öğrenme: Yaratıcı drama katılımcılarının yaşantılarından beslenen bir yöntem olduğu için yaşantılara dayalı öğrenmeler gerçekleşmektedir.

Hareket yolu ile öğrenme: Yaratıcı dramada katılımcılar zihinlerine ek olarak bedenlerini de sürekli kullanmaktadırlar bu sebeple drama yolu ile eğitim gören kişiler hareket yolu ile de öğrenirler.

Aktif öğrenme: Yaratıcı drama yönteminde izleyiciler yoktur. Bu yöntemde gönüllü katılımcılar vardır. Tüm katılımcılar her an sürecin içerisinde yer aldıkları için yöntem aktif öğrenmelere de olanak sağlamaktadır.

Etkileşim yolu ile öğrenme: Yaratıcı drama grup ile gerçekleştirilen etkinlikler ile mümkündür. Süreç içerisindeki katılımcılar sürekli olarak birbirleri ile iletişim, etkileşimi içerisindedirler.

Sosyal öğrenme: Katılımcılar diğer katılımcılar sayesinde sosyal öğrenme de gerçekleştirirler.

Tartışarak öğrenme: Yaratıcı drama yönteminde katılımcılar etkinliklerde ve değerlendirmelerde bir araya geldikleri diğer katılımcılar ile tartışarak öğrenme gerçekleştirirler.

Keşfederek öğrenme: Katılımcılar etkinlikler boyunca eski bilgilerinin üzerine yeni bilgilerini ekleyerek ve süreci keşfederek öğrenme gerçekleştirirler.

İşbirliği kurarak öğrenme: Etkinlikler genel grup ya da küçük gruplar şeklinde gerçekleştiği ve bireysel etkinlikler bulunmadığı için katılımcılar ş birliği kurarak öğrenme gerçekleştirirler.

Kavram öğrenme: Yaratıcı drama yöntemi istenildiği alanda öğrenmelere izin verdiği gibi konu başlangıcında ya da yeni kazanımlar öncesi o konuya dair kavram öğretmede de etkilidir.

Fen bilgisi dersi ile ilgili genel amaçlar öğrencilerin; Doğal dünyayı öğrenmeleri ve anlamaları, bunun düşünsel zenginliği ile heyecanını yaşamalarını, her sınıf düzeyinde bilimsel ve teknolojik gelişme ile olaylara merak duygusu geliştirmelerini teşvik etmek, fen ve teknolojinin doğasını; fen, teknoloji, toplum ve çevre arasındaki karşılıklı etkileşimleri anlamalarını, araştırma, okuma ve tartışma aracılığıyla yeni bilgileri yapılandırma becerileri kazanmalarını, eğitim ile meslek seçimi gibi konularda, fen ve teknolojiye dayalı meslekler hakkında bilgi, deneyim, ilgi geliştirmelerini sağlayabilecek alt yapıyı oluşturmak, öğrenmeyi öğrenmelerini ve bu sayede mesleklerin değişen mahiyetine ayak uydurabilecek kapasiteyi geliştirmelerini, karşılaşabileceği alışılmadık durumlarda, yeni bilgi elde etme ile problem çözmede fen ve teknolojiyi kullanmalarını, kişisel kararlar verirken uygun bilimsel süreç ve ilkeleri kullanmalarını, fen ve teknolojiyle ilgili sosyal, ekonomik ve etik değerleri, kişisel sağlık ve çevre sorunlarını fark etmelerini, bunlarla ilgili sorumluluk taşımalarını ve bilinçli kararlar vermelerini, bilmeye ve anlamaya istekli olma, sorgulama, mantığa değer verme, eylemlerin sonuçlarını düşünme gibi bilimsel değerlere sahip olmalarını, toplum ve çevre ilişkilerinde bu değerlere uygun şekilde hareket etmelerini ve meslek yaşamlarında bilgi, anlayış ve becerilerini kullanarak ekonomik verimliliklerini artırmalarını sağlamaktır (MEB, 2005).

Yaratıcı Drama

Yaratıcı drama üzerinde 18. yüzyılın gelişen, sanat ve eğitimini etkileyen romantizm akımından etkiler bulundurur. Yaratıcı drama bu dönemde başlayan ilerici eğitim ihtiyacı sonucunda ortaya çıkmıştır. Öte yandan gerçek duyuların önemli olduğu düşüncesi ve öğrenenin merkezde bulunması gerekliliğine olan inanç bu yöntemin doğuşunda etkilidir. Bu yöntemin öncülerini; Harriet Finlay Johnson, Henry Caldwell Cook, Peter Slade, Brian Way, Dorothy Heatcote, Gavin Bolton ve Winifred Ward'dır (Adıgüzel (2006).

Yaratıcı Drama Kavramı

Drama sözcüğü köken olarak Yunancadan gelmektedir. Yunan Dilinde "Dran" olarak kullanılan sözcük, itmek, çekmek, yapmak, etmek, eylemek anlamlarında kullanılır (Lehmann, 1986, s.255'den Akt: San, 1990). Bugün kullanılan anlamına yakın olarak drama sözcüğü Yunanca Dromenon'daki "seyirlik olarak benzetme" (And, 1974, s17) anlamında kullanılmaktadır ve eylem anlamını taşımaktadır. Tiyatro bilimi çerçevesinde ise drama *özetlenmiş soyutlanmış eylem durumları* anlamını almıştır. Türkçede kullanılan "dram" sözcüğü ise Fransızca "drame" – Fransızcada burjuva tiyatrosu anlamındadır- sözcüğünden gelmekte ve acıklı oyun olarak kullanılmaktadır (San, 1990, s.573).Dramayı oluşturan unsurlardan, onun bileşenlerinden bahsetmek bu kavramı anlamak açısından anlamlı olacaktır. Bu unsurlar şunlardır:.

Dramatik, genellikle beklenmeyen bir anda gerçekleşen, etkileyici, ani, sürpriz hissi veren, heyecanlı an, insan ve insan ilişkileri ile gelişen, içerisinde gerilimler, çatışmalar, karşıtlıklar bulunan coşku verici gerilim yaratıcı olaylardır (Adıgüzel, 2010, s. 14)

Dramatik olan, Şener'e göre (Şener 1997) bireyin kendi eylemi, davranışı, tavrı, tutumu ile meydana gelen düşündürücü bir insanlık gerçeğidir. San'a göre (San, 1990, s.573) dramatik olan insanın tüm eylemlerini içerir. Yalnızca insanlar değil nesneler arasında dahi "dramatiklik" söz konusu olabilir.

Dramatik oyun, küçük çocukların evrenlerini keşfettikleri, çevrelerindeki karakter özelliklerini ve hareketleri taklit ettikleri özgür oyunlardır (McCaslin 1990, s.4'den Akt: Adıgüzel 2010). Bu nedenle yaratıcı drama ile karıştırılmamalı veya tam bir yaratıcı drama süreci olarak değerlendirilmemelidir.

Dramatizasyon, bir metne bağlı kalınarak başta çocuklar olmak üzere bireylerin öykünme, devinim, dille ifade gibi güçlerine dayanan, doğal, kültürel ve toplumsal tüm olayların, imgelerin daha yoğun olduğu bir ortamda oynandığı bir öğrenme yoludur (Adıgüzel, 2002)

Yaratıcı drama, Yaratıcı drama sonuçtan çok sürece odaklıdır ve yaşantıların çoğu drama anında kendiliğinden (spontane olarak) yaşanır (Adıgüzel 2005). Lider, katılımcı, mekân üçgeninde bir içeriğe dayalı ve liderin gerek gördüğü durumlarda drama tekniklerinin işe vurulduğu süreçler drama yaşantılarının kendisini oluşturur. Bu süreç bir yöntem olarak, bir disiplin ya da bir sanat eğitimi formu olarak aynı boyutta yaşanır. Aradaki fark izlenecek aşamalardaki esneklik ve drama süreçlerindeki aşamalara uyma zorunluluğunun bulunmayışıdır. (Adıgüzel 2006).

Yaratıcı drama, doğaçlama, rol oynama vb. tiyatro ya da drama tekniklerinden yararlanılarak, bir grup çalışması içerisinde, bireylerin bir yaşantıyı, bir olayı, bir fikri, kimi zaman soyut bir kavramı ya da davranışı, eski bilişsel örüntülerin yeniden düzenlenmesi yoluyla ve gözlem, deneyim, duygu ve yaşantıların gözden geçirildiği "oyunsu" süreçlerde anlamlandırılması, canlandırılmasıdır (San, 1991, s.81a)Yaratıcı drama, eğitim sürecinde oyunlarla geliştirilen bir etkinliktir ve bu özelliğiyle eğitimin ayrılmaz bir parçasıdır. Öğretimde önemli olan öğrenciyi edilgin bir dinleyici durumundan kurtarabilmek onu bedeni ve duyu organlarıyla harekete geçirebilmek, konuları canlandırarak yaşanır duruma getirmek olduğuna göre yaratıcı drama bu süreçte uygun bir seçenek olarak görülebilir. Böylelikle öğrenci öğrenme sürecinde etkin durumdadır, kendi yaptığıyla öğrenirken bir yandan da duyu organlarını harekete geçirmekte olay ya da durumları yasamaktadır (Üstündağ, 2003, s.25).

Yaratıcı drama: tiyatro ve drama tekniklerinden yararlanılarak bir grup çalışması içinde doğaçlamayı merkeze alarak gerçeklesen; müzik, dans, resim, heykel, edebiyat gibi çeşitli sanat dallarına ilişkin etkinlikleri bünyesinde barındırması ve çağdaş insanın sahip olması gereken yaratıcılık özelliğini geliştirerek bireye estetik bir bakış açısı sağlaması ile tümel bir sanat eğitim alanı; farklı yetenek ve zekalara dönük etkinlikleri aynı anda bünyesinde barındırması ve daha çok duyuları hedef almasıyla yaşantı yoluyla kalıcı öğrenmenin etkili bir yöntemi; kendini gerçekleştirme yolundaki çağdaş insana, kendini, çevresini, olayları ve en geniş anlamıyla hayatı çok yönlü ve gerçekçi biçimde algılayarak, ihtiyaçlarını karşılama ve gizil güçlerini gerçekleştirmesi yönünde büyük destek verisiyle etkili bir Kişisel/Sosyal gelişim yöntemidir (Bozdoğan, 2003, s.27).

Yaratıcı drama belirli öğelerden oluşan ve kendi bileşenlerine sahip bir sanat alanıdır (Adıgüzel 2006). Dramayı oluşturan öğeleraşağıdaki gibidir:

Drama lideri/eğitmeni:

Öğretmen, -yönetici, yönlendirici ya da en çok kullanılan haliyle drama lideri- drama çalışmalarında katılımcılara "rehberlik" eden kişidir. Drama lideri drama sürecinin temellerinden ve önemli öğelerinden biridir. Çünkü drama sürecinde ilk ivmeyi veren, sunan, değerlendiren ve yeniden uygulayan liderdir (Adıgüzel, 1993, s. 167).

Lider, öncelikle yaratıcı drama etkinlikleri sırasında iyi bir gözlemci olmalıdır. Sınıfta ne olup bittiğini bilimsel bir yaklaşımla analiz etmeli, görsel olarak yaklaştığı noktaları, yüksek sesli tahminlerle çocuklara açıklamalıdır (Eğitmen, 1999, s.20).

Drama grubu: Dramaya katılan oyun grubu öğrenmeye istekli, gelişime değişime açık ve katılımda gönüllü olmalıdır. Birey dramaya niçin katıldığını iyi bilmeli, grupla çalışmaya, değişik şeyler keşfetmeye hazırlıklı olmalı, kendilerini rahat ve güvende hissetmelidirler. Dramada mekân önemlidir. Çalışmaların yapılacağı sınıf benzeri ortamların her türlü etkinliğe elverişli olması, esnekliği sağlaması gereklidir (Adıgüzel, 2006).

Konu-Tema: Yaratıcı dramada herhangi bir olay, olgu, soyut-somut bir durum, bir gazete haberi, bir karikatür, yazının (edebiyatın) tüm türleri, yarım bırakılmış herhangi bir edebi metin, anı, bir yaşantı fotoğraf olabilir. Bir ders konusu, eğitimde drama da işlenecek konuyu rahatlıkla oluşturabilir. (Adıgüzel, 2006)

Grup: Yaratıcı drama bir grup etkinliğidir. Grup olmadan yapılamaz. Grup yaratıcı drama sürecinin başka bir öğesidir. Grup gönüllülerden olabileceği gibi dersi zorunlu olarak alan bir sınıf da olabilir.

Teknik: Eğitimde drama çalışmalarında tiyatronun ve diğer alanların tekniklerinden yararlanır. Bu tekniklerden en önemlileri doğaçlama ve rol oynama teknikleridir. Eğitimde drama derslerinde diğer tekniklerin aksine bu iki tekniğin kullanılma zorunluluğu bulunmaktadır (Adıgüzel, 2007, s.10).

Drama Ortamı: Yaratıcı dramada grup ve lider kadar çalışmaların yapıldığı ortam da önemlidir. Ortam gerektiğinde çalışmaları sahnelemeye olanak tanımalı ve ısı ve ışık açısından yeterli olması gerekmektedir. Drama ortamı olarak müzeler, sergiler, ören yerlerinden de yararlanılabilir (Adıgüzel,2005).

Yaratıcı drama tiyatronun oyun ve tekniklerini kullanmakla birlikte pek çok noktada da tiyatrodan ayrılmaktadır. Kısaca bahsetmek gerekirse yaratıcı dramada tiyatroda olduğu gibi oyuncu, yönetmen, seyirci ve bütünüyle bağlı kalınan bir metin yoktur. Yaratıcı dramada oyuncu yerine katılımcı, yönetmen yerine lider, bağlı kalınan bir metin yerine doğaçlamaları, canlandırmaları, rol oynamaları başlatan çıkış noktaları vardır.

1.1.2. Eğitimde Yaratıcı Drama

Yaratıcı drama, doğaçlama, rol oynama ve bunların benzeri tiyatro ya da drama tekniklerinden yararlanılarak, bir grup çalışması içerisinde, bireylerin bir yaşantıyı, bir olayı, bir fikri, bazen soyut bir kavramı ya da davranışı, eski bilişsel örüntülerin yeniden düzenlenerek gözlem, deneyim, duygu ve yaşantıların gözden geçirildiği "oyunsu" süreçlerde anlamlandırılması, canlandırılmasıdır. (San, 2002, s.113) Yaratıcı dramanın oyunsu süreçleri, rol oynama, doğaçlama, canlandırma vb. teknikleri kullanıma yatkınlığı göz önüne alındığında eğlenceli öğretim için iyi bir amaç oluşturacağı açıktır. Öte yandan yaratıcı dramanın durumları yaşantılama sürecinden geçirmesi de farkındalıklar oluşturmada önemli bir faktördür.

Yaratıcı drama hem bir yöntem, hem bir alan hem de bir sanat formudur. Eğitimde yaratıcı dramanın tanımını bir ders konusunu öğretmek için yöntem olarak kullanılması oluşturur. (Koç 1999). Sanat eğitimi olarak da nitelendirebileceğimiz yaratıcı drama yönteminin eğitim için kullanıldığı her an eğitimde yaratıcı drama olarak adlandırılabilir.

Tüm eğitim kademelerinde ve her yaşta insana uygulanabilecek drama çalışmaları geleneksel eğitimden sıyrılarak çağdaş eğitim sistemiyle bütünleşebilir. Kendini gerçekleştirme gereksinimi duyan bireyler ve nesiller yaratabilir (Karadağ 2005). Etkinliklerinin içeriği incelendiğinde de çağdaş öğretim yöntem ve teknikleri içerisinde bilginin oluşturucusu bireyler yetiştirmede de etkin şekilde faydalanılabilecek bir alandır.

Yaratıcı drama uygulamada sınırları olmaması sebebiyle her yaş grubu ile çalışmaya imkân vermektedir. Gerçekleştirilecek eğitim, özellikle de ilköğretimde yapılacak yaratıcı drama uygulamaları için çocuklarla çalışmak gerekeceği için çalışılacak grubun özelliklerini iyi bilmek önemlidir. Çalışma grubunun özelliklerine dikkat etmenin yanı sıra ne tür planlama ile verimliliğin artırılacağının da yolları aranmalıdır.

Çocuk drama etkinliğine katılmayı kendisi istemelidir ve etkinliğin gerçekleşeceği ortam, kendini güvende hissedeceği ortam olmalıdır. Etkinlikler süresince yeni şeyler öğrenmeye ve keşfetmeye hazırlıklı duruma getirilmelidir. Bütün yapılacak olan drama çalışmaları, çocuğun yaşına ve gelişim düzeyine uygun olarak hazırlanmalıdır. Drama etkinliği hazırlanırken, grup içindeki çocuklarla fikir alışverişi yaptırılmasına özen göstermelidir. Yapılan çalışmalardan sonra bir değerlendirme konuşması yapılmalıdır. Çocukların hissettiklerini ve düşündüklerini paylaşmaları için onlara ortam sağlanmalıdır. Yaratıcı dramanın eğitimde kullanımı olarak nitelendirebileceğimiz eğitimde dramada bazı noktalar göz ardı edilmemelidir. Bunlara dikkat çekmek gerekirse:

Eğitimde drama etkinliğinde ödül ya da ceza yoluna başvurulmaz. Pekiştireçler sözel takdir şeklindedir.Eğitimde drama çalışmaları oyuncu eğitimi değildir. Bu çalışmalar bir seyirci düşünülerek gerçekleştirilmez. Seyircilere sergilenmek için uygulanmaz. Yaratıcı dramada katılımcılar hem oyuncular hem de izleyicilerdir. Bu çalışmalarda özel izleyiciler bulundurulmaz. Çalışmaların uygulanma alanları çok geniştir ve pek çok yerde -sınıfta, holde, bahçede, kütüphanede, yemekhanede- uygulanabilir. Çalışmalar sırasında özel bir mekân ve aksesuara ihtiyaç yoktur. Mekânın yeteri kadar büyük ve rahatsızlık vermeyecek olması idealdir.Eğitimde drama çalışmasında öğrencinin ne söyleyeceği değil, neyi nasıl söyleyeceği anlam taşır. Drama bir analiz yöntemi değil, bir sentez yöntemidir. Kurallar dâhilinde özgürlük vardır." (Gönen ve Dalkılıç, 1999, s. 74)

Yapılan araştırmalar, insanların okuduklarının %10'unu, işittiklerinin, %20'sini, gördüklerinin %30'unu, görüp işittiklerinin %50'sini, söylediklerinin %70'ini ve yapıp söylediklerinin %90'ını hatırladıklarını göstermektedir (Üstündağ, 1994). Bu bilgiler ışığında yaratıcı dramanın aktif yaşantılarla, yaparak ve yaşayarak öğrenmeye imkân tanıyan yapısı sayesinde gerçekleştirilen eğitim öğretimin kalıcılığının en yüksek oranda hatırda tutmaya olanak sağlamasını beklemek mucize olmaz.

Yaratıcı drama hem öğrenci farkındalıklarını geliştirmekte hem de öğretici için kullanabildiği takdirde pek çok kapıyı açabileceği maymuncuk görevi görmektedir.

Eğitimde drama, çocuğun empati yaparak, farklı bakış açıları geliştirmesini, aktif öğrenen olarak rol almasını, kendisini ifade edebilmesini ve yaratıcı olmasını sağlayan bir uygulamadır. Dramayı bir eğitim aracı olarak kullanan öğretmenler ve öğrencilerin okul dışındaki aktivitelerinde de bu yöntemin etkilerini görecekleri açıktır. Oyun ve drama kullanım alanı ve amacına sadık kaldığı sürece öğretmenin elinde sihirli bir anahtar gibidir. Drama insanın doğasında mevcuttur. Dramayla çocuk yaşadığı dünyayı araştırır, gözlem yaparak keşfeder. Bunu yaparken duyguları, düşünceleri, tüm duyuları ve benliği ile olaya katılır (Dirim 2002).

Drama öğrenmeye duyuşsal boyut katar. Sürece yaşantı yoluyla katılımı sağladığından, öğrencilerin duyuşsal, davranışsal ve bilişsel yanını bütün olarak değerlendiren bir öğrenme tekniğidir. Drama özellikleri gereği öğrencilerin dünyayı algılamaları, çevreleriyle, başkalarıyla ve kendileriyle etkili ve doğru bir iletişim kurmaya olanak sağlar.

Dramanın bireye yararlarından bahsederken onun katılımcısında anlama ve yaratıcılık yeteneklerini geliştirdiğini, konu ve olayları objektif olarak analiz etme becerisi kazandırdığı söylenebilir. Yaratıcı dramayı etkili kılan bir başka unsur da katılımcıların yaşantılarından yararlanabilme becerisidir ve bunu yaparken belirli bir yaş belirli bir konu belirli bir ders gibi kısıtlanması söz konusu değildir. Kişinin empati kurarak ve –mış gibi yaparak gerçek ortamları tartışmasına izin vermesinin yanı sıra kişinin dil, rol ve sanat gelişimi için de yararlıdır (Özden, 1999).

Yaratıcı dramanın bir yöntem olarak kullanıldığı ortamlarda, bireyin sürece etkin katılması, iletişim becerilerini etkin olarak kullanması ile gerçekleşebilir. Yaratıcı dramada ele alınan öykü, masal, şiir, makale, anı vb edebiyat ürünlerinin incelenmesi, işlenmesiyle öğrenenlerin imgelem güçleri zenginleşebilir. Yaratıcı drama etkinliklerinde, özellikle dokunma duyusuyla ilgili çok fazla yaşantı fırsatı vardır. Bu yaşantılar iletişim becerilerinin gelişmesinde önemli katkılarda bulunmaktadır (Üstündağ, 2002).

Diğer bir taraftan drama süreçlerinde gerçekleşen öğrenmeyle çocukların eğitsel anlamdaki kazanımları Morgül (2006) tarafından

Sosyalleşme,tüketici değil üretici olma,kendine güven ve saygı,edilginlik yerine katılımcı olma,yeteneklerini keşfetme,bağımlılık yerine bağımsız karar verme,demokrat kişilik geliştirme,empati kurma, kendini başkasının yerine koyma,kendisiyle ve başkalarıyla barışık olma,hoşgörü,yaratıcı kişilik geliştirme,neden-Sonuç ilişkisi kurabilme, analiz-sentez yapabilme,estetik sezginin artması,yaşamda karşılaşılan durumlara hazır olabilme ve problem çözebilme,ritm duygusu kazanma, denge ve ana ritmini bulma,konuşma gücünün gelişmesi,duygularına söz geçirebilme, otokontrol, sorunlardan kaçmama,yeni şeyler öğrenmekten mutlu olma,duyarlı olma,farklı kültürleri kendini zenginleştirici güzellikler olarak algılama şeklinde özetlenmektedir.

Eğitimde drama; tiyatronun bazı tekniklerinden yararlanarak kavram, davranış, düşünce ya da cümlelerin oyun ya da oyunlar geliştirerek canlandırılmasıdır. Söz konusu canlandırmanın yapılması için grup içindeki gruplarla fikir alışverişinde bulunulması, yargılar geliştirilmesi gereklidir. (San, 1991, 1'den Akt: Üstündağ 2006)

Eğitimde dramanın etkinliğini izleyici boyutundan değerlendiren (Sağlamöz, 2006) ister sınıf içi ister sınıf dışı etkinlikler yolu ile olsun, drama etkinliğinde izleyici boyutunu en aza indirerek etkinliklerin yapılmasından yana fikir beyan eder.

Eğitimde kullanılacak yaratıcı dramayı İnci San (San, 2006 s.119) şu şekilde tanımlamaktadır;

Ezberci, yalnızca bilgi yükleyici gibi nitelemelerle sık sık eleştirilen eğitim sistemimizde, gerçekten önemli değişiklikler yapabilecek alternatif bir eğitim öğretim yöntemidir. Yaratıcı, üretken, yalnız belli somut ürünler vererek değil, fikirde de üretken olabilen, yaratıcı kararlar verebilen, değişik olmaktan ve değişiklik yapmaktan korkmayan, çekinmeyen, dilini iyi kullanan, eleştirel ve yargılayıcı olabilen, dogmalara körü körüne bağlı kalmayan, dogmaları, tabuları tartışabilen gençler yetiştirmek için alternatif bir eğitim-öğretim-öğrenim alanıdır.Öğretmen yetiştirme alanında, hem öğretmenlik formasyonunda hem de genel kültür dersleri arasında yer almalıdır. Bir disiplin olarak öğretmen adayını olumlu bir biçimde geliştirecek yaratıcı drama, zorunlu bir ders olarak kabul görmelidir. Öğretmeni, alan bilgisini aktarmada sık sık başvurabileceği bu öğretim yöntemi ile en kısa zamanda karşılaştırmak gerekir. Eğitsel yaratıcı drama, eğitimin temel alanlarından pek çoğu ile iç içe bir disiplindir.

1.1.3. Yaratıcı Dramanın Aşamaları

Yaratıcı dramada yaşantılar belirli bir aşama izlemek durumundadır ve aşamalar yapılacak çalışmaya uygun olarak lider tarafından biçimlendirilir, değiştirilir. (Adıgüzel, 2010)

Ankara Üniversitesi Eğitim Bilimleri Enstitüsü Yaratıcı Drama Programı'nda öğrenim gören 34, Çağdaş Drama Derneği Yaratıcı Drama Eğitmenliği / Liderliği Programı'nda 40 olmak üzere toplam 74 lider adayı ile yapılan çalışmada adaylara açık uçlu sorular yönlendirilmiştir. Yönlendirilen bu sorular neticesinde alınan yanıtlar drama aşaması olarak adlandırılan ısınma, oyun, doğaçlama ve oluşum gibi kavramlarda çeşitli karışıklıklar meydana gelmesinden dolayı 1. Isınma - Hazırlık, 2. Canlandırma, 3. Değerlendirme olmak üzere 3 aşamaya ayrılmıştır (Adıgüzel, 2006 s.25). Adıgüzel'in bu çalışması sonrasında üçe ayrılmış olan bu aşamalar şu içeriklere sahiptirler.

I. Isınma- Hazırlık Çalışmaları

Daha çok bedensel kullanım ile katılımcıların dikkatlerinin toplanması bu aşamada gerçekleştirilmektedir. Dans ve harekete dayalı etkinliklerle birlikte, bedenin gevşetilmesi, gerilmesi, davranış, jest, mimik, ses, nefes gibi ifade araçları da bu aşamada uygulanmaktadır. Aşamadaki temel amaç diğer aşamaya hazırlık oluştururken güven kazanma, uyum sağlama gibi grup dinamizmini de oluşturmaktır (Adıgüzel, 2006). Katılımcının fiziksel ve zihinsel olarak sürece hazırlandırılmasıdır.

II. Canlandırma

Püsküllüoğlu 2004) tarafından canlandırma; bir kılık ya da kişiliğe girip onu oynamak, etkin bir duruma gelmesini sağlayarak geçmiş bir olayı ya da durumu göstererek yaşatmak olarak tanımlanmaktadır.

Yaratıcı dramanın aşamalarından olan canlandırma aşamasında ise; bir konunun bir süreç içerisinde biçimlenip ortaya çıkmasıdır. Bu aşamada belirli bir başlangıç noktası vardır ve süreç doğaçlama, rol oynama ve diğer tekniklerin kullanılması ile oluşur. Yaratıcı drama çalışmalarındaki tüm yaşantılar, paylaşımlar, değerlendirmeler bu aşamada yapılan oluşum çalışmaları ile oluşan canlandırmalara, sonuçlarına ve bireyde bıraktığı izlere göre yapılır. Bu aşamadaki canlandırmalar bireysel olacağı gibi küçük ya da büyük gruplar yoluyla da olabilir. (Aykaç, 2008)

III. Değerlendirme

Drama çalışmaları boyunca elde edilen sonuçların değerlendirildiği aşamadır. (Adıgüzel, 2006 s.26) bu aşamayı sürecin özünün, öneminin, niteliğinin ve niceliğinin saptandığı aşama olarak görmektedir. Duygu ve düşünce paylaşımları, eğitsel kazanımlar üzerine ya da ortaya çıkan oluşumlar üzerine tartışmaların yapıldığı aşamadır. Öğrenilenlerin kazanıma dönüşüp dönüşmediği ve bu durumun gelecek yaşantılara etkisinin olup olmayacağı, tüm drama yaşantı ve süreçlerinin nasıl algılandığı, anlaşıldığına yönelik duygu ve düşüncelerin paylaşılması bu aşamada söz konusudur. Bu aşama aynı zamanda konu ya da drama öğretim bilgisi ile bilgilerin de tartışıldığı bir aşamadır. (Adıgüzel, 2006)

1.1.4. İlköğretim Fen Bilgisi Eğitiminde Çevre Eğitimi

Çevre Eğitimi

Çevre eğitimi; UNESCO ve Başbakanlık Çevre Müsteşarlığı 1990 yılında düzenlenen Türkiye Çevre Eğitim ve Öğretimi Ulusal Çevre Strateji ve Uygulama Seminerinde " toplumda yer alan bireylerin çevre bilincinin geliştirilmesi, çevreye duyarlı, olumlu, kalıcı, davranış değişikliklerinin kazandırılması ve doğal, tarihi, kültürel, sosyo estetik değerlerin korunması, aktif katılımın sağlanması ve sorunların çözümünde görev alma" olarak tanımlanmaktadır (Özoğlu, 1993). Güdülen amaç farkındalık yaratarak kalıcı çevre bilinci oluşturulmasıdır.

Çevre Eğitiminin Amaçları

Çevre eğitiminin temel hedefleri Çevre Bakanlığı tarafından şu şekilde belirtilmektedir. (ÇB,2003);

Çevre eğitiminde öncelikle tabiat ve insan sevgisinin kazandırılması gerekir.Çünkü çevreyi koruma geliştirmenin temelinde sevgi unsuru yatmaktadır.Doğal çevrenin özelliklerini bozmadan koruyan ve geliştiren bunlara aktif olarak katılan, bireylerin yetiştirilmesi sağlanmalıdır.Çevre eğitimi sadece bilgi aktarımı şeklinde değil uygulamaya da yönelik olmalıdır.Eğitim tüm kesimleri kapsayacak şekilde, belli bir plan ve program dâhilinde verilmelidir.Bireyleri karar alma süreçlerine katmayı hedefleyen bir eğitim politikası uygulanmalıdır.çevre bilimleri ve diğer disiplinler arasındaki dinamik ilişkilerin geliştirilmesi sağlanmalıdır.çevre ile ilgili olaylar karsısında sorumluluğunu bilen fertlerin yetiştirilmesi sağlanmalıdır.çevre eğitimi, insanlarda kirletmeme bilincinin yerleştirilmesiyle sorunun kaynağında çözümlenmesini hedef almalıdır.İnsanların çeşitli nedenlerle tabiattan uzaklaşmaları, tabiata karsı bir hissizlik, sevgisizlik ve vurdumduymazlık meydana getirmiştir. Tabiatla iç içe ve uyum içerisinde yaşama özendirilmelidir.Çevre eğitiminin doğuştan başlayıp yaşam boyu devam eden bir süreç olduğu bilinmelidir.Çevre eğitimi doğayı bir kitap ya da laboratuvar gibi gören ekolojik bir temele dayandırılmamalıdır.

Ayrıca Anayasamızın 56. Maddesinde "Herkes sağlıklı ve dengeli bir çevrede yaşama hakkına sahiptir. Çevreyi geliştirmek, çevre sağlığını korumak ve çevre kirlenmesini önlemek devletin ve vatandaşın ödevidir" denilmektedir (Ç.B., 2012). Devlet elbette bireylerin yerine getirmekte güçlük çekeceği dönemlerde yardımda bulunacaktır ancak doğru olan bireylere çevre bilincini aşılayarak çevrenin değerini bilen bireyler yetiştirmektir.

Fen ve Teknoloji Programlarında Hedeflenen Kazanımlar

Geliştirilen her program bir ya da birden fazla amacı hedeflemektedir. Programlardaki ünitelere ve konulara bakıldığında etkinlikler bir amaç için gerçekleştirilmektedir ve belirli kazanımlara sahiptirler.

İlköğretim 4. sınıf Fen ve Teknoloji dersi için hedeflenen kazanımlar şu şekildedir: Çevresinde farklı yaşam alanları olduğunu keşfeder.Çevresindeki bir yaşam alanındaki canlıları ve bu canlıların içinde bulunduğu şartları gözlemler ve kaydeder.Yaşam alanlarının insan faaliyetlerinin olumsuz etkisinden korunması gerektiği çıkarımını yapar. Yakın çevresindeki kirliliği fark eder ve kirliliğe nenden olan maddeleri listeler.Atatürk'ün çevre ile ilgili yaptığı çalışmalara örnekler verir.Çevreyi korumak amacıyla yapılan birçok faaliyete gönüllü olarak katılır.Çevreyi korumak ve geliştirmek için bireysel sorumluluk bilinci kazanır.Düzensiz ve şiddetli yüksek seslerin ses kirliliğine (gürültüye) neden olacağını fark eder. Yaşadığı çevredeki ses kirliliğini azaltmak için alınabilecek önlemleri tartışır.Erozyonlar toprak kaybı arasında ilişki kurar.Hava, toprak ve su kirliliğini önlemek için alınabilecek önlemleri araştırır ve sunar. (Budak, 2008, s. 45)

1.2 Amaç

Bu araştırma İlköğretim 4.sınıf Fen ve Teknoloji Dersi, "Canlılar Dünyasını Gezelim ve Tanıyalım" ünitesine bağlı "Çevremizdeki Kirlilik" konusunun yaratıcı drama yöntemiyle işlenmesinin, öğrencilerin çevresel farkındalıklarını ne ölçüde etkilediğini ortaya çıkarmayı amaçlamaktadır.

Bu amaç temel alınarak aşağıdaki sorulara yanıtlar aranmıştır:

1. Fen ve Teknoloji Dersi, "Canlılar Dünyasını Gezelim ve Tanıyalım" ünitesi, "Çevremizdeki Kirlilik" konusunun yaratıcı drama yöntemi ile işlenmesinin öğrencilerin çevresel farkındalıklarına etkisi nasıldır?

2. Fen ve Teknoloji Dersinde yaratıcı drama yönteminin kullanılmasına ilişkin öğrenci görüşleri nelerdir?

1.3. Önem

Yapılan çalışmanın dayanak noktasını yapılandırmacı yaklaşım oluşturmaktadır. Bu temel üzerinden yola çıkıldığında aktif öğrenmenin sağlanabileceği, yaşantılar yolu ile ve yaratıcılık sergilenilerek bilgi edinilebilecek yöntemlerden yaratıcı drama kullanılacaktır. Bu yöntem bahsedilen özelliklerinden dolayı çevresel farkındalığın geliştirilmesi için etkilidir denilebilir. İstenildiği ölçüde öğrenme ortamı oluşturulmasına olanak veren bu yöntemde çalışma için doğal çevremiz uygun görülmektedir. Diğer bir deyişle bu yöntemin uygulanması tek bir sınıf ya da alanla sınırlı değildir ve yöntemin bu avantajını kullanarak öğrencilerin çevre ile ilgili bilgileri yine çevrede edinmeleri sağlanacaktır. Yöntemin yanı sıra çalışmayı önemli hale getiren unsur çalışmanın çevre eğitimine yönelik olmasıdır.

Çevre eğitimi; toplumun tüm kesimlerinde çevre bilincinin geliştirilmesi, çevreye duyarlı, kalıcı ve olumlu davranış değişikliklerinin kazandırılması ve doğal, tarihi, kültürel, sosyo-estetik değerlerin korunması, aktif olarak katılımın sağlanması ve sorunların çözümünde görev alma olarak tanımlanabilir. (http://www2.cedgm.gov.tr)

Çevresel farkındalığı oluşmuş ve çevreye duyarlı bireylerin yetiştirilmesi gereği günümüzde karşılaştığımız pek çok sorunda kendini göstermektedir. Çocuklarımız küresel ısınmaların, orman yangınlarının, karbondioksit salınımlarının, eriyen buzulların bulunduğu bir yüzyıla merhaba demektedirler. Bu sorunların daha da büyümeden önlenmesi için çevresine duyarlı bireyler yetiştirmek gerekliliği ortaya çıkmaktadır. Bu sebeple bu kazanımları öğrencilerin yaşantılar yolu ile edinmelerini sağlamak ve bunları sağlam temellere oturtmak adına yaratıcı drama yöntemi kullanılarak "Çevremizdeki Kirlilik" konusunun işlenmesi uygun görülmektedir.

1.4 Sayıltılar

1. Öğrencilerin öğrenmeye karşı ilgileri aynıdır.

2. Kontrol altına alınamayan değişkenler tüm öğrencileri aynı oranda etkilemiştir.

3. Öğrencilerin Fen ve Teknoloji dersine karşı uygulama öncesi tutumları denetlenmemiştir.

1.5 Sınırlılıklar

Bu araştırma;

1.Kayseri İli, Melikgazi İlçesinde bulunan birilköğretim okulu 4-B sınıfı öğrencileri ile,

2.İlköğretim 4. Sınıf Fen ve Teknoloji Dersinde "Canlılar Dünyasını Gezelim ve Tanıyalım", ünitesi "Çevremizdeki Kirlilik" konusu kapsamında "Atık, Çevre, Çevre Kirliliği" içerikleri ile,

3.Araştırma, yukarıda belirtilen ünite ve konuya uygun olarak planlanan ve yaratıcı drama yöntemi ile uygulanan toplam 12 ders saati ile sınırlandırılmıştır.

1.6 Tanımlar

Çevre Kirliliği: Doğanın temel fiziksel unsurları olan, hava, su ve toprak üzerinde olumsuz etkilerin oluşması ile ortaya çıkan ve canlı öğelerin hayati aktivitelerini olumsuz yönde etkileyen cansız çevre öğeleri üzerinde yapısal zararlar meydana getiren ve niteliklerini bozan yabancı maddelerin hava, su ve toprağa yoğun bir şekilde karışmasına çevre kirliliği adı verilmektedir.

http://www.cevreonline.com/cevre%20kirliligi.htm

Yaratıcı Drama: Yaratıcı drama, doğaçlama, rol oynama ve bunların benzeri tiyatro ya da drama tekniklerinden yararlanılarak, bir grup çalışması içerisinde, bireylerin bir yaşantıyı, bir olayı, bir fikri, bazen soyut bir kavramı ya da davranışı, eski bilişsel örüntülerin yeniden düzenlenerek gözlem, deneyim, duygu ve yaşantıların gözden geçirildiği "oyunsu" süreçlerde anlamlandırılması, canlandırılmasıdır. (San, 2002, s.113)

Farkındalık: Bu çalışma için kullanılan *farkındalık* terimi, çevre kirliliklerinin neden olabileceği sonuçlara yönelik *farkında olma durumu* olarak tanımlanmaktadır.

1.7 İlgili Araştırmalar

Yaratıcı drama yöntemi yalnızca eğitim hayatında değil, sosyal çevre ilişkilerinde, psikolojik sorunların çözümünde de etkili olması düşünülerek başvurulan bir yöntemdir. Kullanım kısıtlılığı olmaması nedeniyle her yaştan, her meslekten, her kültürden insanları birleştiren bir unsur görevi görmektedir. Yaratıcı drama etkinlikleri, ev hanımları, öğretmenler, avukatlar, öğrenciler, veliler, doktorlar, polisler, sivil toplum kuruluşları ve birçok alanda birçok katılımcı ile gerçekleştirilmektedir. Sınırları, statüleri önemsemeyen yapısı bu yönteme fazlaca uygulama alanı sunmaktadır. İletişim becerisine, utangaçlık düzeylerine, konuşma becerilerine etkisi sosyal alanda yapılan yaratıcı drama etkinliklerine örnek gösterilebilir. Her grup eğitmeninin bu yönteme olan tutum, ilgi becerisini belirlemek, eğitimcilerin bu yöntemi kullanma eğilimlerini ortaya çıkarmak için yapılan çalışmalar ile eğitimciler üzerinde yapılan çalışmalara örnek gösterilebilir. İlkogretim 1. ve 2. kademede bulunan öğrencilerle gerçekleştirilen çalışmalar, öğrenci başarısı, tutumu, ilgisine olan etkilerini görmek adına düzenlenen atölye çalışmaları ilköğretimde uygulanmasına örnek teşkil etmektedir. Sosyal alandan eğitime, ilköğretim çalışmalarına ve daha özele inerek ilköğretimde fen ve teknoloji dersi kapsamında kullanılması da yaratıcı dramanın ilköğretim fen ve teknoloji eğitiminde de kullanılabildiğini göstermektedir.

Yukarıda da belirttiğimiz alanlarda yapılan çalışmalara detaylı bakmak adına alan yazın bu dört kategoride incelenmiştir. Bu kategoriler genelden özele doğru ilerlemekte olup şu sırayı izlemektedirler:

i) Sosyal Alanda Yaratıcı Drama Çalışmaları
ii) Eğitimciler Üzerinde Yapılan Yaratıcı Drama Çalışmaları
iii) İlköğretimde Yaratıcı Drama Çalışmaları
iv) Fen Bilgisi Eğitimine Yönelik Yaratıcı Drama Çalışmaları

Sosyal Alanda Yaratıcı Drama Çalışmaları

Yaratıcı drama kişiler ve kişiler arası iletişim etkileşim oluşturmada başvurulan yöntemlerden birisidir. Yaratıcı drama kişilerin sosyal gelişimlerini olumlu değişimlerini hedeflemektedir. Yaratıcı drama yöntemi kullanılarak risk grupları ile, psikolojik yardıma muhtaç bireylerle, dilsel ve bedensel gelişim sağlanması hedeflenen bireylerde ve benzeri sosyal beceri sorunu olan bireyler üzerinde olumlu bir etki bıraktığı kanıtlanmıştır. Bu alana yönelik yapılan çalışmalar daha detaylı olarak aşağıda belirtilmiştir.

Akoğuz, (2002) iletişim becerilerinin öğrencilerin akademik ve bireysel gelişimlerinde yaratıcı dramanın etkinliğini araştırmıştır. Araştırmacı araştırmasına uygun olarak gerçekleştirdiği çalışmasını Türkiye Eğitim Gönüllüleri Vakfı eğitim parklarına gelen gönüllü öğrencilerle gerçekleştirmiştir. Bu çalışma Türkiye Eğitim Gönüllüleri Vakfı eğitim parklarına gelen öğrencilerle gerçekleştirmiştir. Çalışmasının örneklemini iki grup oluşturmuştur. Bunlardan ilk grup yaşları 9, 10 ve 11 olan 22 öğrenciden oluşmakta iken, ikinci grup 11, 12 ve 13 yaşlarında bulunan öğrencilerden oluşmaktadır. Çalışma ilk grup ile 12 hafta boyunca yapılan çalışmalar ile sonlandırılmıştır. Gözlemler yapılarak gözlem formu doldurulmuştur. Doldurulan gözlem formlarına ek olarak araştırmacı yaptığı video kayıt sayesinde daha sonra incelemelerde bulunmuş ve gözlemlerinin doğruluğunu kontrol etmiştir. Veriler SPSS 14 istatistik programı kullanılarak analiz edilmiş, katılımcıların deney öncesi ve deney sonrasındaki ortalama puanlarını t – testi ile test etmiştir. Bu testine ek olarak araştırmacı cinsiyetin iletişim becerilerini etkileyip etkilemediğini de t – testi ile test etmiştir. Yapmış olduğu deneyler ve analiz ettiği sonuçlar doğrultusunda araştırmacı yaratıcı dramanın katılan tüm öğrenciler üzerinde iletişim becerilerini geliştirmede anlamlı bir fark oluşturduğunu ortaya koymuştur.

Miccoli (2003), İngilizce Konuşma Becerilerinin Gelişiminde Drama adlı araştırmasında drama yönteminin konuşma becerilerini geliştirmeye etkisini araştırmıştır. Araştırma Brezilya üniversitesindeki 37 öğrenciye ile gerçekleştirilmiştir. Araştırmaya katılan öğrencilerin seviyeleri birbirlerinden farklıdır. Uygulamalar haftada iki saat ve 15 haftadan toplam 30 saat sürmüştür. Araştırmacı uygulamasını üç bölümden oluşturmuştur. Çalışmanın birinci bölümünü oluşturan ilk beş hafta tanışma, rahatlama, nefes alma egzersizleri, rol oynama ve senaryolardan oluşmuştur. İkinci bölümde öğrenciler rol yapmaya hazırlanmış, karakterler, mimikler, yüz ifadeleri, karakterlerin geçmişleri konusunda çalışmalar yapılmıştır. Üçüncü bölümde sahneleme öncesi dağıtılan senaryolardan oluşmuştur. Araştırmacı çalışmasının değerlendirmesi için portfolyo kullanılmıştır. Portfolyolar senaryoların sunumundan sonra toplanmıştır. Araştırmanın sonunda dramanın katılımcıların konuşma becerisini geliştirdiği ve süreçte portfolyonun değerlendirme için kullanılacak iyi bir araç olduğunu tespit etmiştir. (Miccoli, 2003:122)

Diğer bir çalışmada ise, Durmuş (2006), yaratıcı drama yöntemi ve bütünleştirilmiş grupla psikolojik danışmanlığın üniversitede eğitim gören öğrencilerin utangaçlık düzeyleri üzerine etkili olup olmadığını araştırmıştır. Araştırmacı araştırmayı 2003-2004 öğretim yılında Ankara Üniversitesi Eğitim Bilimleri Fakültesinde gerçekleştirmiştir. 17 öğrenci deney, 17 öğrenci de kontrol grubunda olmak üzere toplam 34 öğrenci ile araştırmasını yapmıştır. Araştırmaya uygun program araştırmacının kendisi tarafından oluşturulmuştur. Araştırmacı tarafından oluşturulan program yoğunlukla bilişsel – davranışçı yaklaşım temelinde rol oynama, canlandırma, doğaçlama gibi yaratıcı drama tekniklerine dayalı olarak hazırlanmış boylamsal bir çalışmadır. Program 10 hafta boyunca ve her hafta bir oturum gerçekleştirilerek tamamlanmıştır. Her bir oturum yaklaşık olarak 2.5 saatten oluşmuştur. Güngör (2001) tarafından Türkçe'ye uyarlanan utangaçlık ölçeği uygulanmıştır. Uygulamadan 4 ay sonra her iki gruba da izleme testi yapılmıştır. Veriler Split-plot tekniği ile analiz yapılmış olup deney grubundaki öğrencilerin utangaçlık düzeylerinde anlamlı bir azalma olduğu görülmüştür.

Saraç (2007) tarafından yapılan çalışmada çocukların konuşma becerilerinin gelişimine yaratıcı dramanın etkisinin olup olmadığı araştırılmıştır. Bu araştırma için yaratıcı drama etkinliklerinden oluşan sekiz ders gerçekleştirilmiştir. Bu dersler araştırmacı tarafından kayıt altına alınmış ve gözlemci tarafından gözlemlenmiştir. Veri toplamada yararlanılması için öğrenciler tarafından tutulan günlükler kullanılmıştır. Günlükler çocukların yaratıcı dramaya yönelik çocukların beklentileri, duygu ve düşüncelerinin belirlenmesi adına çocuklar tarafından tutulmuştur. Derslerin ve öğrenci günlüklerinin gözlenmesi, yapılan değerlendirmeler neticesinde yaratıcı dramanın çocuklar üzerinde nasıl bir etkiye sahip olduğu yorumlanmıştır. Yapılan çalışmalar sonunda elde edilen veriler yorumlandığında yaratıcı dramanın çocuklar için stressiz öğrenme ortamı oluşturduğu, çocukların özgüvenlerinin geliştiği ve katılımın üst düzeyde tutulduğu görülmüştür.

Çoban (2007), araştırmasını sosyal beceri sorunu olan çocuklar ve anneleri ile gerçekleştirmiştir. Araştırma grubunu alt sosyo-ekonomik düzeyde bir ilköğretim okulunun beşinci sınıflarından gönüllü olan yirmi öğrenci ve dokuz anne oluşturmuştur. Çalışmanın modelini ön test – son test kullanılan deneysel model oluşturmuştur. Deney ve kontrol grubundaki öğrenciler benzer sosyo ekonomik özelliklere göre belirlenmişlerdir. Verilerin toplanması ise Sosyometri Testi, Walker-McConnel Sosyal Yeterlilik ve Okul Uyum Ölçeği ve bu ölçeklere ek olarak yarı yapılandırılmış görüşme formu kullanılmıştır. Ön test ve son test puan farklarının Wilcoxon İşaretli Sıralar Testi ile ölçülen çalışmada Walker-McConnel Sosyal Yeterlilik ve Okul Uyum Ölçeğinde "toplam", "öğretmen tercihli sosyal davranış", "akran tercihli sosyal davranış", "okula uyum davranışı" puanlarında drama eğitimi alan grup lehine anlamlı bir fark ortaya çıkmıştır.

Boran (2010) araştırmasını risk grupları ile sosyal alanda gerçekleştirilecek yaratıcı drama etkinliklerinin etkilerini görmek adına yapmıştır. Araştırmacı araştırmasına uygun olarak risk grubu olarak kabul edilen "Öğrenme Güçlüğü Çeken ve Hafif Derecede Zihinsel Engelli Çocuklar" ile "Suça İtilmiş veya Suça İtilme Riski Taşıyan Çocuklar"dan oluşan iki grup üzerinde yaratıcı drama uygulamaları gerçekleştirmiştir. İki gruptan oluşan toplam 20 kişi ile yaptığı çalışmasında araştırmacı veri toplama aracı olarak Sosyal Becerileri Değerlendirme Ölçeği (SBDÖ) ve Sürekli Öfke-Öfke İfade

Tarzı Ölçeği (SÖÖTÖ) kullanılmıştır. Araştırmacı araştırmasını kendi deyimi ile ön test/ müdahale (yaratıcı drama) / son test şeklinde oluşturmuştur. Araştırmada Öğrenme Güçlüğü Çeken ve Hafif Derecede Zihinsel Engelli Çocuklar dokuz, Suça İtilmiş veya Suça İtilme Riski Taşıyan Çocuklar yedi hafta boyunca etkinliklere katılmışlardır. Yapılan çalışma ve elde edilen verilerin analizleri sonunda araştırmacı yaratıcı drama yönteminin öğrenme güçlüğü çeken ve hafif derecede zihinsel engelli grup üzerinde Temel Sosyal Beceriler, Saldırgan Davranışlarla Başa Çıkma Becerileri, İleri Konuşma Becerileri, Bilişsel Beceriler ve İlişkiyi Başlatma Becerilerini geliştirici etkisi olduğunu belirtmiştir. Aynı uygulamanın suça itilme riski taşıyan grup üzerinde öfke kontrol düzeyine etkisi kontrol edilemeyen bir değişken sebebiyle kesin olarak yorumlanamadığını ancak olumsuz olaylarla karşılaştıklarında durumlarının kötüleşmesini önleyici bir koruma faktörü oluşturduğu yönünde sonuç çıkarılabileceği görüşünde bulunmuştur.

Eğitimciler Üzerinde Yapılan Yaratıcı Drama Çalışmaları

Günümüzde eğitim aktif katılım ve öğretmen rehberliğinde gerçekleştirilmesi gerektiğine inanılan bir dönemdedir. Buna göre bu eğitimi vermesi düşünülen eğitimciler de oluşturacakları hedeflere, sınıf içerisinde kullanacakları yöntem ve tekniklere en az konulara hakim olmaları gerektiği kadar hakim olmalıdırlar. Yaratıcı drama yönteminin hangi yönlerle benzer yöntem ve tekniklerden ayrıldığını ve yaratıcı dramanın gerçekleştirildiğinden söz etmek için olmazsa olmazları bilmesi gerekmektedir. Aşağıda yaratıcı drama yöntemine ilişkin eğitimciler üzerinde yapılan farklı araştırmalara yer verilmiştir.

Demiröz (2010), Dokuz Eylül Üniversitesi Buca Eğitim Fakültesinde okumakta olan Sınıf Öğretmenliği 3. sınıf öğrencileri ile gerçekleştirdiği çalışmada yaratıcı dramanın öğretmen adaylarının demokratik tutumlarına, bilişüstü farkındalıklarına ve duygusal zekâ yeterliliklerine etkisini araştırmıştır. Araştırmada model olarak 2x2 Solomon dört gruplu deneysel desen seçilmiştir. Bu desen iki adet deney ve iki adet kontrol olmak üzere dört gruptan oluşturulmaktadır. Her grubu 30 kişiden oluşan toplam 120 öğretmen adayı araştırmaya dâhil edilmiştir. Araştırma İnsan Hakları dersinde araştırmacının kendisi tarafından uygulanan çalışmada deney gruplarına yaratıcı drama ve kontrol gruplarına geleneksel yöntemle dersler işlenmiştir. Deney 1 ve Kontrol 1 gruplarına çalışma öncesinde uygulanan "Demokratik Tutum Ölçeği" "Biliş üstü Farkındalık Ölçeği" ve "Duygusal Zekâ Ölçeği" çalışma sonrasında Deney 1, Deney 2, Kontrol 1 ve Kontrol 2 gruplarına son test olarak uygulanmıştır. Ön test – son test sonuçlarına dayanarak; 1) Demokratik tutumlar bakımından deney grubu son test lehine anlamlı fark oluşturduğunu gözlemlemiştir. 2) Bilişüstü farkındalık bakımından deney grubu lehine anlamlı bir fark gözlemlemiştir. 3) Duygusal zekâ yeterlilikleri bakımından deney grubu lehine yine anlamlı bir fark gözlemlemiştir.

Fenli (2010) tarafından gerçekleştirilen çalışma Mehmet Akif Ersoy Üniversitesi Eğitim Fakültesinde öğrenim gören ve 2008-2009 eğitim öğretim yılında 4. sınıfta okuyan Sınıf Öğretmenliği Bölümü öğrencileri ile gerçekleştirilmiştir. Çalışmanın amacını sınıf öğretmeni adaylarının yaratıcı drama dersine yönelik tutumlarını belirlemek oluşturmuştur. 232 öğrenci ile gerçekleştirilen araştırmada Adıgüzel (2006) tarafından geliştirilen "Yaratıcı Drama Dersine Yönelik Tutum Ölçeği" uygulanmıştır. Ayrıca kişisel bilgi formunda yer alan bilgiler ışığında cinsiyet, öğretim türü ve yaratıcı drama dersinin uygulamalı ve teorik olarak işlenmesinin etkileri incelenmiştir. Çalışmada yaratıcı drama dersini uygulamalı olarak alan ve teorik olarak alan öğretmen adayları arasında uygulamalı olarak bu dersi alan adayların tutumlarının yüksekliği belirlenmiştir. Öte yandan cinsiyet ve öğretim türünün çalışmada önemli bir fark oluşturmadığı da gözlemlenmiştir.

Tutuman (2011), araştırmasında Türkçe öğretmenlerinin yaratıcı drama yönteminde yeterli olup olmadıklarını ve bu yöntemi uygulama düzeylerini saptamaya çalışmıştır. Çalışmasını tabakalama yöntemi ile belirlediği 57 okuldan 131 Türkçe öğretmeninin katılımı ile gerçekleştirmiştir. Çalışmanın veri toplama aracını ise Yıldırım (2008) tarafından geliştirilen "Yaratıcı Drama Yeterlilik Anketi" oluşturmuştur. Çalışma neticesinde öğretmenlerin yaratıcı dramayı bilme ve uygulama yeterlilikleri bulundukları sosyo ekonomik çevre ile bağlantılıdır, sonucuna ulaşılmıştır. Eğitimcilerin yaratıcı drama ile ilgili eğitim alıp almadıkları da yöntem kullanımında farklılıklar ortaya koymaktadır. Yaratıcı drama yöntemi ile ilgili eğitim alan öğretmenlerin bu yöntemi kullandıkları da görülmektedir.

İlköğretimde Yaratıcı Drama Çalışmaları

Yaratıcı drama öğrencilerin yönergeleri anlayabilecek seviyede olmadığı okul öncesi dönemde uygulanmayan bir yöntemdir. Bu yöntemin derslerde kullanılmasına ilköğretim kademesinde başlamak hem etkili hem de doğru olacaktır. Bu çalışmaya uygun olarak daha önce ilköğretimde yapılan çalışmalara göz atmak yararlı olacaktır. Buna göre ilköğretim düzeyindeki öğrencilerle yapılan çalışmalar ve edinilen sonuçlar aşağıda verilmiştir.

Robbie (1997), Yabancı Dil Eğitiminde Drama ve Tiyatro adlı araştırmasını 98 öğrenci ile iki yıl boyunca sürdürmüştür. Araştırması neticesinde yaratıcı dramanın yabancı dil eğitim programlarının bir parçası olarak kullanılmasında, öğrencilerin yazılı anlatım becerilerini geliştirdiği sonucuna ulaşmıştır. Araştırmacı araştırmasını kullandığı anket bakımından nicel, topladığı video kayıtları bakımından nitel olmak üzere karma metot kullanarak gerçekleştirmiştir. Veri toplama araçları sayesinde elde ettiği verilerin çözümü sonrasında dramanın yazma sürecinde, öğrencileri etkin olmaya yönlendirmesi ile yazılı anlatım becerilerinin güçlendiği, kendilerine verilen ve diğer metinleri rahatlıkla ilişkilendirebildikleri öte yandan bu becerilerini özgün bir metin yazmada kolaylıkla kullanabildikleri sonucuna varmıştır.

Kyriacou (2002) yaptığı çalışmada ilköğretim ikinci kademe matematik derslerinde aktif öğrenmenin kullanılabilirliği üzerinde araştırma yapmıştır. Araştırmacı çalışmasını iki bölüme ayırmıştır. İlk kısımda farklı okullara giderek gözlem ve görüşmeler yapmış bu gözlem ve görüşmeler sonunda ilki geleneksel öğretim biçimi, diğerleri altı farklı öğrenme aktivitesi olarak olmak üzere toplam yedi adet öğrenme aktivitesi belirlemiştir. İkinci kısımda ise İngiltere'deki okullarda görevli matematik bölümü başkanı 100 kişi ile anket uygulamıştır. Edindiği verilere göre açıklama, gösterme, soru sorma gibi geleneksel yöntemlerin daha sık kullanıldığını tespit etmiştir. Ayrıca anket gerçekleştirilen bölüm başkanları, araştırma ve 52 problem çözmeye dayalı yöntemlerin giderek ağırlıklı olarak kullanılmaya başlandığını ve diğer yeni tekniklerin de giderek arttığını belirtmişlerdir.

Zayimoglu (2006), çalışmasında ilköğretim 6. sınıf öğrencilerinin bu sınıf müfredatı Sosyal Bilgiler dersinde yer alan "Coğrafya ve Dünyamız" ünitesini yaratıcı drama yönteminden yararlanarak işlemiş ve bu yöntemin öğrencilerin derse dönük başarıları ve tutumlarına etkisi olup olmadığını araştırmıştır. Araştırma için denekler Van Beyüzünü

80. Yıl İlköğretim okulu ikinci kademeye devam eden 6. Sınıf öğrencilerinden seçilmiştir. Araştırmacı araştırmasını ilgili ünitenin bilişsel düzeyde bilgi ve bu amaca yönelik hedef davranışlarla sınırlamıştır. Araştırmasında deney ve kontrol olmak üzere iki grup üzerinde gerçekleştirmiştir. Dersleri deney grubuna yaratıcı drama yöntemi ile ve kontrol grubuna geleneksel yöntemle dersleri işleyerek tamamlamıştır. Çalışmanın sonunda bilişsel alanın bilgi düzeyine yönelik anlamlı farkın deney grubu lehine gözlenmesi yaratıcı drama yönteminin geleneksel yönteme göre daha etkili olduğunu göstermiştir.

Karapınarlı (2007), tarafından yapılan araştırmada "Oran Orantı Ve Yüzde Hesapları" ünitesinin işlenmesinde yaratıcı drama yönteminin etkisi denence olarak alınmıştır. Ünite yaratıcı drama yöntemiyle işlenerek öğrencilerin başarıları ile kalıcılık düzeylerine etkisinin olup olmadığı araştırılmıştır. Deney grubunda 23, kontrol grubunda ise 21 olmak üzere toplam 44 öğrenci ile çalışma gerçekleştirilmiştir. Araştırma 2005 – 2006 eğitim öğretim yılında Koru İlköğretim Okulu 7. Sınıf öğrencilerinden rastgele seçilen öğrencilerle gerçekleştirilmiştir. Araştırma deseni olarak denek gruplu ön test – son test modeli oluşturmaktadır. Son test uygulanması 15 gün ara ile ikinci kez yapılarak kalıcılık ölçülmeye çalışılmıştır. Veriler test edilip yorumlandıklarında ise; 1) Yaratıcı drama yöntemi kullanımının deney gruplarının öğrenme düzeyleri lehine anlamlı bir fark oluşturduğu görülmüştür. 2) Yaratıcı drama yönteminin kullanıldığı deney grubu lehine kalıcılık düzeyleri de anlamlı fark oluşturmuştur.

Aykaç (2008), araştırmasında yaratıcı drama yönteminin sosyal bilgiler dersinde yöntem olarak kullanılmasının öğrenci başarısına etkisini ölçmeyi amaçlamıştır. Araştırmacı çalışmasını 2007 – 2008 eğitim öğretim yılında Ankara ili, Keçiören ilçesinde bulunan Şehit Mehmet Altanlar İlköğretim okulunda öğrenim görmekte olan öğrencilerle gerçekleştirmiştir. Çalışma için okulda bulunan 4-C sınıfı deney ve 4-B grubu ise kontrol olmak üzere yansızlık yolu ve kura ile belirlenen iki sınıfla gerçekleştirilmiştir. Sosyal bilgiler dersi özelinde 4. sınıf "Gruplar, Kurumlar ve Sosyal Örgütler" öğrenme alanına bağlı "Hep Birlikte" temasını işlemiştir. Karma araştırma taslağı kullandığı çalışmasında deney ve kontrol olmak üzere iki grup seçmiştir. Gruplara yaptığı ön test – son test puan sonuçlarını SPSS programı aracılığı ile analiz etmiştir. Elde ettiği sonuçlar ışığında deney ve kontrol gruplarının son testleri arasında fark olduğu ve bu farkın da deney grubu lehine olduğunu belirlemiştir.

Karacil (2009) tarafından yapılan çalışmanın çıkış noktasını ilköğretim 1. kademe Türkçe dersinde yaratıcı drama yönteminin başarıyı artırmada ne derece etkili olduğu sorusu oluşturmuştur. Bu soru doğrultusunda ilköğretim 1. kademe 5. sınıf öğrencilerinden oluşan 25'i deney, 25'i kontrol olmak üzere toplam 50 öğrenci ile araştırma yapılmıştır. Araştırmacının uygulaması için örneklemini 2008-2009 eğitim öğretim yılı Kars Merkez Alaca Köyü İlköğretim Okulu ve Kars Merkez Halefoğlu İlköğretim Okulu 1. kademede eğitim öğretimine devam eden 5. sınıf öğrencileri oluşturmaktadır. Her iki gruba da uygulanan "Değerlerimiz" ünitesi sonucunda elde edilen veriler analiz edildiğinde yaratıcı drama yöntemi ile ders işlenen deney grubu lehine anlamlı bir fark gözlemlenmiştir.

Aldağ (2010) yaptığı çalışmada yaratıcı dramanın İngilizce öğrenen öğrencilerin motivasyonları üzerindeki etkisini araştırmıştır. Araştırma için rastgele elli 4. sınıf öğrencisi seçmiş ve bu öğrencileri iki gruba ayırmıştır. Araştırmada veri toplamaya kaynaklık etmesi için: Motivasyon Anketi, Kişisel Bilgi Formu, Öğrenci Ve Öğretmen Röportajı, Kişisel Günlükler ve Gözlem Notları kullanmıştır. Bu veri toplama araçlarından Motivasyon Anketi hem çalışmanın başlangıcında hem de sonunda olmak üzere iki kez uygulanmıştır. Ön test ve son testlerden alınan sonuçlar analiz edilmiş, günlük, gözlemler ve röportajlar ile nitel veriler çözümlenmiştir. Sonuç olarak yaratıcı drama yönteminin motivasyonu artırmada ve konuşma becerilerini geliştirmede önemli bir etkinliği olduğu görülmüştür.

Fen Bilgisi Eğitimine Yönelik Yaratıcı Drama Çalışmaları

Fen eğitimi pek çok disiplin, konu, hedef ve kazanımlardan oluşmaktadır. Aynı miktarda yöntem ve teknik kullanımına olanak sağlamaktadır. Bu kadar konu ve kazanım için yalnızca tek bir doğru yöntem ya da tekniğin varlığından söz etmek mümkün değildir. Bu çalışmadaki amaç fen ve teknoloji dersi kapsamında yaratıcı drama yöntemi kullanılarak yapılmış çalışmaları incelemek ve yapılacak çalışma hakkında fikir vermesini sağlamaktır. Bu yöntem ile gerçekleştirilmiş çalışmalar ve edinilen bilgiler aşağıdaki paragraflarda mevcuttur.

Yalım (2003), yaptığı çalışmada ilköğretim dördüncü sınıf Fen Bilgisi dersinin yaratıcı drama yöntemi ile öğretiminin öğrencilerin akademik başarılarına etkisini araştırmıştır. Araştırma ön test- son test kontrol kümeli modele göre desenlemiştir. Veriler toplanırken araştırmacı tarafından geliştirilen kişisel bilgiler anketi kullanılmıştır. Çalışmanın gerçekleştirileceği öğrenciler seçilirken öğrencilerin dördüncü sınıf Fen Bilgisi karne notları, anket uygulamaları sonucu elde edilen veriler ve ön testlerde aldıkları puanlara göre her iki küme 30'ar olmak üzere toplam 60 öğrenci olacak şekilde denkleştirilmiştir. Çalışma deney grubunda yaratıcı drama yöntemiyle ile ve kontrol grubunda geleneksel yöntemlerle öğretim gerçekleştirilerek yapılmıştır. Araştırma sonucunda ilköğretim dördüncü sınıf fen bilgisi dersinde yaratıcı drama dersin işlendiği deney grubu öğrencilerinin akademik başarılarının kontrol kümesinde bulunan öğrencilerin akademik başarıları arasında anlamlı bir fark olduğu görülmüştür.

Yılmaz (2006), araştırmasında ilköğretim fen bilgisi derslerinde yaratıcı drama yönteminin öğrencilerin akademik başarılarına ve onların fen bilgisi dersine yönelik tutumları üzerine etkisinin olup olmadığını belirlemeye çalışmıştır. Amacı doğrultusunda araştırmayı ilköğretim 7. sınıfta okuyan 45 öğrenci ile araştırmasını gerçekleştirmiştir. Araştırmacı araştırmasında model olarak ön test – son test modeli kullanmıştır. Kontrol ve deney gruplarının her ikisine de " Tüm Canlılarla Ortak Yuvamız Mavi Gezegenimizi Tanıyalım ve Koruyalım" ünitesi araştırmacı tarafından işlenmiştir. Çalışmanın veri toplama aracı olarak kullanılmak üzere Fen Bilgisi Ünite Başarı Testi hazırlanmıştır. Yapılan çalışmalar ve toplanan veriler ışığında fen bilgisi dersine yönelik tutumların deney grubu lehine olumlu şekilde geliştiği ve anlamlı bir fark oluşturduğu gözlenmiştir.

Başkan (2006), yaptığı araştırmada drama yönteminin ilköğretim 6.sınıf Fen Bilgisi dersinde yer alan "Yaşamımızı Yönlendiren Elektrik" ünitesinde, öğrencilerde var olan kavram yangılarının giderilmesi ve öğrencilerin Fen Bilgisi dersine ola motivasyonların arttırılmasında etkinliğini incelemiştir. Çalışmasını 14'ü deney ve 21'i kontrol grubu olmak üzere toplam 35 öğrenci üzerinde gerçekleştirmiştir. Dersler kontrol grubunda, kontrol grubunun kendi eğitimcileri tarafından işlenen derlerle devam ederken deney grubunda drama yöntemi araştırmacı tarafından uygulanmıştır. 10 hafta boyunca 10 drama etkinliği uygulanmıştır. Yapılan değerlendirmeler sonucunda kavram yanılgılarının giderilmesi ve başarı açısından deney grubu lehine anlamlı bir fark olduğu ve bu gruptaki öğrencilerin drama yöntemi ile fen bilgisi dersine karşı olumlu tutum geliştirdikleri görülmüştür.

Özdemir ve Üstündağ (2007) çalışmalarında yaratıcı drama yöntemi kullanarak fen ve teknoloji alanındaki ünlü bilim adamlarının yaşam öykülerini ve bilime olan katkılarını ele almaya çalışmışlardır. Araştırmacılar çalışmalarını ilköğretim fen bilgisi öğretmenliği anabilim dalında öğrenim gören öğretmen adayları ile 5 hafta boyunca ve toplam 15 saatte gerçekleştirmişlerdir. Araştırmacılar tarafından bu çalışma için ön test – son test deneme modelli bir çalışma olarak desenlenmiştir. Toplanan verilerin nitel çözümlemeleri sonucunda ulaştıkları sonuç ise; yaratıcı drama yöntemi ile bahsedilen hedefte başarılı oldukları ve bu yöntemin getirisi olarak yaşayarak ve içselleştirerek öğrenme fırsatı bulduklarıdır.

Erkoca Akköse (2008) araştırmasını okulöncesi fen etkinliklerinde doğa olaylarının neden – sonuç ilişkilerini belirlemede yaratıcı drama etkinliklerinin etkinliğini belirlemek üzere yapmıştır. Araştırmacı çalışmasını kontrollü ön test – son test modele göre gerçekleştirmiştir. Araştırma 14'ü deney ve 14'ü kontrol olmak üzere toplam 28 öğrenci ile gerçekleştirilmiştir. Veri toplama aracı olarak araştırmacı kendi geliştirdiği bilgi formuna ek olarak video ve etkinlik materyalleri kullanmıştır. Kayıtlar incelenip veriler analiz edildiğinde ise araştırmacı şu sonuca ulaşmıştır: Fen etkinliklerinde doğa olaylarının neden – sonuç ilişkilerini belirlemede yaratıcı drama yönteminin kullanımı çocukların becerilerini geliştirmekte ve olumlu bir fark oluşturmaktadır.

Tuncel (2009) ilköğretim fen ve teknoloji dersinde yaratıcı drama yöntemi kullanımının etkinliğini belirlemek için bir araştırma yapmıştır. Bu amaç için ilköğretim 6. sınıf fen ve teknoloji dersinde "Maddenin Tanecikli Yapısı" ünitesinde yer alan konuları bu yöntemle işlemeyi seçmiştir. İkisi deney ikisi kontrol olmak üzere toplam dört grup ve 96 öğrenci üzerinde çalışmasını sürdürmüştür. Seçilen deney gruplarına dersler yaratıcı drama yöntemi ile işlenirken, kontrol gruplarına ise Milli Eğitim Bakanlığının onaylı ders kitabında yer alan talimatlara göre dersler anlatılmıştır. Araştırmada desen olarak ön test – son test desenini seçmiştir. Bu iki test arasındaki farklılıklara bakarak ve verileri analiz ederek deney grupları lehine olumlu sonuçlar bulduğunu bildirmiştir.

Teker (2009) ilköğretim 7. sınıf öğrencileriyle yaptığı çalışmasını 1) Öğrencilerin fen dersinde yaratıcı drama yöntemi kullanılmasına yönelik görüşlerini belirlemek 2) Yaratıcı drama yönteminin öğrencilerin çevreye ilişkin problem durumlara etkisini göstermek, amacı ile yapmıştır. Amaçlarına bağlı olarak çalışması iki aşamada devam etmiştir. Birinci aşamada yaratıcı drama yöntemi kullanımı hakkında öğrenci görüşlerini almak amacıyla görüşme formu hazırlamıştır. İkinci aşama için yaratıcı drama yöntemi ile "Çevre ve İnsan" konusunu işlemiş ve yöntemin etkinliğini belirlemeye çalışmıştır. 38'i kız ve 27'si erkek olmak üzere toplam 65 öğrenci ile yaptığı çalışmasının sonucunda ilk amaca uygun olarak öğrencilerin öğrenmelerinin anlamlı ve zevkli olduğunu belirlemiş ve öğrencilerin fen ile ilgili yeni araştırmalar yapmak için istekli olduklarını gözlemlemiştir. İkinci amaca uygun incelemeler yaptıktan sonra da öğrencilerin çevreye ilişkin problem durumlarına getirdikleri çözüm yollarında belirgin değişiklikler ortaya çıktığını belirtmiştir.

Çokadar ve Yılmaz (2010) üç hafta boyunca sürdürdükleri çalışmalarını 45 öğrenci ile ve öğrencilerden deney ve kontrol grupları oluşturarak gerçekleştirmişlerdir. Çalışmalarının amacı ise yaratıcı drama yöntemi kullanarak ilköğretim 7. sınıf öğrencilerine "Ekoloji ve Madde Döngüsü" konusunun işlenmesi ve uygulama sonrasında öğrencilerin tutumlarının belirlenmesidir. Araştırma ön test – son test desenine göre desenlemişlerdir. Araştırma sonunda her iki grup arasında deney grubu lehine anlamlı fark olduğunu belirtmişlerdir.

Yağmur (2010) çalışmasında yaratıcı drama yöntemini fen eğitimine uyarlayarak uygulamalar yapmıştır. Araştırmacı uygulamalar yaparak bu uygulamaların öğrencilerin eleştirel düşünmelerini ne şekilde etkilediğini belirlemeyi amaçlamıştır. Araştırma ön test – son test deney gruplu deneysel model ile yürütülmüştür. Araştırma 45 tane 7. Sınıf öğrencisinin çalışma grubunu oluşturması ile gerçekleşmiştir. Deneysel işlemlerin 6 hafta sürdüğü deney grubuna toplam 8 yaratıcı drama atölyesi uygulanmıştır. Yapılan yaratıcı drama eğitimi MEB fen ve teknoloji programı doğrultusunda müfredata uygun olarak hazırlanmıştır. Kontrol grubunda ise yaratıcı drama olmaksızın yalnızca müfredata uygun program işlenmiştir. Verilerin toplanmasında geçerlilik ve güvenilirlikleri araştırmacı tarafından yapılmış olan Cornell Eleştirel Düşünme Testi uygulanmıştır. Verilerin analizi ilişkisiz örneklemler t-testi ve ilişkili örneklemler t-testi uygulanmıştır. Araştırmacı çalışmasının sonucunda ders ile birlikte yaratıcı drama yöntemi kullanılmasının kontrol grubu lehine öğrenci başarısını ve öğrencilerin derse tutumunu artırdığını belirtmiştir.

II. BÖLÜM

YÖNTEM

2.1 Araştırmanın Modeli

Çalışma için tek gruplu ön test-son test modeli seçilmiştir. Bu doğrultuda çalışma yapılacak gruba deney öncesi ve sonrası olmak üzere Çevresel Farkındalık Ölçeği uygulanmıştır. Ölçek Özdemir (2010) ve Solmaz (2010)'ın çalışmalarında kullandıkları ölçeklerden seçilen maddeler ve araştırmacı tarafından ilköğretim fen ve teknoloji dersi 4. Sınıf öğretmen kılavuz kitabında yer alan kazanımlara uygun olarak eklenen maddelerden oluşmaktadır. Çalışmada kullanılan *Çevresel Farkındalık Ölçeği* uygulama öncesi kullanılmış ve çalışma sonrasında aynı test son test olarak uygulanmıştır. Uygulanan iki test arasındaki farklılıklar incelenerek, yapılan çalışmanın öğrenciler üzerindeki etkinliği hakkında fikir elde edilmiştir. Son testte Çevresel Farkındalık Ölçeğine ek olarak Yaratıcı Drama Yöntemine İlişkin Öğrenci Değerlendirme Formu da uygulanmış ve yöntem alıcısı tarafından değerlendirilmiştir.

Yapılacak çalışmayı bir tablo üzerinde şu şekilde gösterebiliriz:

Tablo 2.1. Araştırma Deseni

Araştırma Grubu	Ön Test	Denel İşlem	Son Test
4-B Sınıfı n=31	ÇFÖ	Çevresel Kirlilikler Konusunun Yaratıcı Drama Yöntemi İle İşlenmesi	ÇFÖ + ÖDF

AG: Araştırma Grubu
ÇFÖ: Çevresel Farkındalık Ölçeği

ÖDF: Öğrenci Değerlendirme Formu

Çalışmada Leech ve Onwuegbuzie (2007) tarafından, bir çalışma için aynı olgulara ilişkin hem nitel hem de nicel veriler toplanması ve bu verilerin analiz edilerek yorumlanması olarak tanımlanan karma metod kullanılmıştır. Bu çalışmada ölçek uygulanması ve analizi nicel veri toplama kısmını oluştururken, öğrenci görüşlerinin alındığı kısım ise nitel verilerden oluşmaktadır. Diğer bir deyişle yapılan çalışmanın etkinliği sadece ölçeklere bağlı olarak değerlendirilmemiş aynı zamanda öğrenci görüşleri ile de güçlendirilmiştir.

2.2. Çalışma Grubu

Yapılan araştırmanın çalışma grubunu 2011-2012 eğitim öğretim yılında Kayseri ili, Melikgazi ilçesinde bulunan bir ilköğretim okulunda öğrenim gören 4-B sınıfı öğrencileri oluşturmaktadır. Uygulamanın yapıldığı sınıfın bulunduğu okul orta düzeyde sosyo ekonomik yapıya sahiptir. Çalışma gönüllülük esasına uygun olarak 16 erkek ve 15 kız olmak üzere toplam 31 öğrenci ile gerçekleştirilmiştir. Söz konusu okul kolay ulaşılabilirlik nedeniyle seçilmiştir. Öğrencilerle yapılan çalışmalar içinse okulun bodrum katında bulunan salonun uygun olmadığı belirlenmiştir. Bu sebeple uygulamalar sınıf ortamının çalışmalara uygun hale getirilmesiyle gerçekleştirilmiştir.

2.3. Veri Toplama Araç Ve Teknikleri

İlköğretim 4. sınıf öğrencilerinin çevresel farkındalıklarının artırılmasına yönelik yapılan bu çalışmada kullanılacak Çevresel Farkındalık Ölçeği için Özdemir (2010) ve Solmaz (2010) çalışmalarından derlenen maddeler ile araştırmacı tarafından MEB ilköğretim 4. Sınıf fen ve teknoloji dersi öğretmen kılavuzkitabında ilgili konu içerisinde yer alan kazanımlara uygun olarak eklenmiş maddelerden oluşan bir ölçek oluşturulmuştur. Ölçekte bulunan 36 maddenin 9 tanesi Özdemir (2010), 17 tanesi Solmaz (2010) ve 10 tanesi de araştırmacı tarafından eklenmiştir. İki farklı araştırmacının araştırmalarında kullandığı ve araştırmacının da eklediği maddelerin bulunduğu ölçek Ek.4'te verilmiştir. İlgili ölçeğin güvenilirliğinin ölçümü için yapılan ilk uygulaması için 36 maddeden oluşan bir ölçek oluşturulmuş ve ilköğretim 4. sınıf düzeyinde eğitim öğretim gören 93 öğrenciye uygulanmıştır.

Tablo 2.2. Çevresel Farkındalık Ölçeği İçin Yapılan Pilot Çalışmanın İstatistikleri

Pilot Uygulama Özeti			
		N	%
Durum	Geçerli	93	100.0
	Geçersiz	0	0
	Toplam	93	100.0

Ölçekte 17'si olumsuz ve 19'u olumlu toplam 36 madde öğrencilere sunulmuş ve öğrencilerden bu maddelere olan katılma durumlarına göre cevaplar vermeleri istenmiştir. Uzman görüşleri doğrultusunda ölçekteki maddeler öğrencilere 3'lü likert tipinde uygulanmıştır. Buna göre öğrenciler maddeler için; **Katılıyorum**, **Kararsızım** ya da **Katılmıyorum** şeklinde ölçek uygulamasını gerçekleştirdiler.

Uygulama sonrasında ölçekteki maddeler 3'lü likerte uygun olarak 1, 2 ya da 3 puan olacak şekilde puanlanmıştır. Buna göre bir öğrencinin bir madde için alabileceği maksimum puan 3 iken, minimum puan ise 1 olacak şekilde değerlendirilmiştir. Ölçeklere güvenilirlik testi yapılmasına ek olarak rastgele seçilen öğrencilere anlamakta güçlük çektikleri maddeler sorularak bu maddeler değerlendirmeye alınmıştır. Öğrenci görüşleri ile değerlendirilen sorular revize edilmiştir. Öğrencilerin anlamakta güçlük çektiklerini söyledikleri bazı kalıplaşmış sözcükler yerine o sözcüklerin anlamları yazılarak ilgili maddeler daha anlaşılır hale getirilmiştir.

SPSS 16.0 Paket programı ile analize tabi tutulan ölçek için Cronbach's Alpha katsayısı 0.772 olarak belirlenmiştir.

Tablo 2.3. Çevresel Farkındalık Ölçeğine Dair Güvenilirlik İstatistiki

İlgili İstatistikler	
Cronbach's Alpha	Madde Sayısı
.772	36

Test puanları güvenilirliğinin alt kestiricilerinden birisi olan α katsayısı başlıca likert tipi derecelendirme ölçeklerinde kullanılmaktadır. Çalışmalarda kullanılması gereken dereceli ölçekler için uygun aralık .700 ile 1.00 aralığıdır (Büyüköztürk, Ş., 2008).

Tablo 2.3'te pilot uygulama neticesinde elde edilen verilerden de anlaşılacağı üzere çalışmanın hem ön test hem de son testinde kullanılan Çevresel Farkındalık Ölçeği .772 Cronbach's Alpha değeri ile güvenilirdir.

Tablo 2.4. Farkındalık Testi Madde İstatistikleri

Madde İstatistikleri		
Madde No	Madde Silinmesi Durumunda Ölçek Anlamlılığı	$r_ç$ (Madde Toplam Korelasyonu)
1	87.99	.246
2	88.80	.240
3	88.68	.227
4	87.65	.393
5	88.68	.226
6	88.03	.221
7	87.99	.438
8	87.90	.441
9	87.76	.287
10	88.06	.287
11	87.70	.411
12	88.22	.308
13	88.08	.381
14	88.02	.314
15	88.11	.255
16	87.98	.382
17	87.84	.279
18	88.87	.223
19	88.12	.342
20	87.98	.346
21	87.85	.255
22	88.15	.267
23	87.73	.258
24	88.25	.304
25	88.15	.396
26	88.30	.256
27	87.90	.265
28	87.86	.343
29	87.92	.251
30	88.38	.249

31	87.95	.269
32	87.98	.322
33	87.94	.372
34	87.95	.346
35	87.76	.321
36	88.19	.358

Pilot çalışma neticesinde maddelerden ".200" korelasyon değeri altında değere sahip olan madde bulunamadığı için ölçekten madde çıkartılmamıştır. Ölçek ön test ve son test olacak şekilde uygulama grubuna uygulanmıştır.

Çalışmaya ön test, son test tek gruplu model uygun olarak yaratıcı drama yönteminin kullanılacağı grubun ön bilgilerini değerlendirmek adına drama çalışmaları öncesinde Çevresel Farkındalık Ölçeği uygulanmıştır. Burada amaç ölçeğin çalışma öncesi ve sonrasında uygulanarak yapılan uygulamanın etkinliğini ölçmektir.

Öğrencilerin ölçek üzerine isimlerini yazmalarını istemek onları baskılayabileceği için onlardan ölçek üzerine isimleri yerine kendilerine ait bir rumuz ve -aynı rumuzun belirlenmesi ihtimali dolaysıyla- sayı belirlemeleri istenmiştir. Burada öğrencilerin isimlerinin gizli kalması ölçeği daha rahat ve içten cevaplamalarını sağlamak ve her iki uygulamada da rumuzlar arası farklar gözlenerek aynı bireyler için tutumlar arası farkları ortaya çıkarmak amaçlanmıştır.

Bunun yanı sıra öğrencilere sürecin en sonunda uygulanan **Yaratıcı Drama Yöntemine İlişkin Öğrenci Değerlendirme Formu**nda yer alan soruların yanıtları da göz önünde bulundurularak ilgili üniteye ait konu için uygulanan yöntemin etkililiği hakkında yorumlarda bulunulmuştur.

Öğrenci değerlendirme formunda ise şu sorular bulunmaktadır:

1. Yaratıcı drama yöntemi ile ders işlenirken neler hissettiniz? Neden?

2. Yaratıcı drama yöntemi size neler kazandırdı?

3. Diğer yöntemlere göre yaratıcı drama yöntemi ile ders işlenmesi sizi nasıl etkiledi? Neden?

Bu formdan yola çıkılarak öğrencilerin formda bulunan sorulara verdikleri cevaplarda kullandıkları kelimeler frekansanalizi yöntemiyle incelenmiştir. İnceleme sonucunda öğrencilerin sorulara yanıt verirken belirgin olarak kullandıkları ortak kelimeler tablo haline getirilmiş ve yorumlanmıştır.

2.4. Çalışma Planı

Araştırmacı tarafından uygulanan yaratıcı drama yöntemi ile işlenilecek olan oturumlar MEB ilköğretim 4. Sınıf fen ve teknoloji dersi içerinde Canlılar ve Hayat öğrenme alanında bulunmaktadır. Bu alan içerisinde Canlılar Dünyasını Gezelim, Tanıyalım ünitesinde kendisine yer bulmuştur. Bu ünite için önerilen konu başlıkları Çevremizdeki Varlıkları Tanıyalım ve Yaşadığımız Çevredir. Yaşadığımız Çevre konu başlığı altındaki Çevremizdeki Kirlilik alt başlığı çalışmanın temel dayanak noktasını oluşturmaktadır.

İlköğretim 4. Sınıf fen ve teknoloji öğretmen kılavuz kitabında ilgili konu için yaratıcı drama yönteminin kullanımına ilişkin bir bilgi bulunmamaktadır. Bu konunun değerlendirilmesi için çoktan seçmeli testler, açık uçlu sorular ve gezi-gözlem inceleme raporları önerilmektedir. Bu çalışma hem işleniş hem de değerlendirme süreci bakımından yaratıcı drama yönteminden yararlanılarak gerçekleştirilmiştir.

Öte yandan ünitenin asıl amacı öğrencilerin Canlılar Dünyasını Gezelim, Tanıyalım ünitesi sonunda canlı ve cansız varlıkları birbirinden ayırt edebilmeleri, yakın çevrelerindeki canlı ve cansız yaşam alanlarını tanımaları ve korumaları ile bilgileri edinmeleri; canlıların çevreyle nasıl uyumlu bir bütün oluşturduğunu kavramaları; çevre kulübü, park yapımı, ağaç dikimi ve bakımı, çöp toplama kampanyası gibi etkinliklere gönüllü katılım gerçekleştirmeleri, çevreyi sevmeleri, korumaları ve bireysel sorumluluk bilincini kazanmaları beklenmektedir. (MEB, 2004)

Yaratıcı drama uygulamaları araştırmacının kendisi tarafından gerçekleştirilmiştir. Araştırmacı yaratıcı drama eğitimi almakta olan fen ve teknoloji dersi öğretmenidir. Aşağıda araştırmacının gerçekleştirdiği yaratıcı drama oturumları tarihleri ve genel içerikleri ile belirtilmiştir.

- 12-13 Mart 2012 tarihlerinde Özdemir (2010) ve Solmaz (2010) çalışmalarından derlenen maddeler ile araştırmacı tarafından MEB ders kitabında ilgili konu içerisinde yer alan kazanımlara uygun olarak eklenmiş maddelerden oluşan ölçek –Çevresel

Farkındalık Ölçeği- uzman görüşleri ile de onaylandıktan sonra 4. sınıfta eğitim öğretime devam eden 93 öğrenciye uygulanmıştır.

- 20 Mart 2012 tarihinde pilot uygulamasının gerçekleştirildiği Çevresel Farkındalık Ölçeği yaratıcı drama yöntemi ile Çevremizdeki Kirlilik konusunun işleneceği Sema Yazar İlköğretim Okulu 4.B Sınıfı öğrencilerine (n=31) uygulanmıştır.

- 22 Mart 2012 tarihinde çocukların yaratıcı drama yöntemine ısındırılması için Sema Yazar İlköğretim Okulu 4.B Sınıfı sınıf öğretmeninden alınan izin ile yaratıcı drama sürecinin nasıl olduğunu kavramaları için 2,5 saatlik (150 dk.) bir oturum gerçekleştirilmiştir.

- 29 Mart 2012 tarihinde tez uygulamasının gerçekleştirileceği öğrencilerle ilk çalışma olan Çevremizdeki Kirlilik oturumu gerçekleştirilmiştir. Buna göre bu oturumda genel anlamı ile çevre kirliliklerinden bahsedilmiş, ne türlerde kirlilikler olabileceğine dair çalışma yapılmıştır. Etkinlik 2,5 saat (150 dk.) sürmüştür.

- 5 Nisan 2012 tarihinde tez uygulamasının ikinci çalışması olan Çevremizdeki Kirlilik özelinde Toprak Kirliliği oturumu gerçekleştirilmiştir. Bu çalışma ile öğrencilerin kirliliklerden toprak kirliliğine olan farkındalıklarını artırmak amacı ile etkinlikler planlanmış ve uygulanmıştır. Etkinlik 2,5 saat (150 dk.) sürmüştür.

- 12 Nisan 2012 tarihinde tez uygulamasının üçüncü çalışması ve kirliliklerden bir başkası olan Su kirliliği oturumu gerçekleştirilmiştir. Bu çalışma ile deniz, akarsu ve göllerde oluşacak kirliliklerin ne gibi etkileri olacağından ve bu bölgelerin kirleticilerinden bahsedecek şekilde oturum planı yapılarak uygulanmıştır. Etkinlik 2,5 saat (150 dk.) sürmüştür.

- 19 Nisan 2012 tarihinde tez uygulamasının dördüncü ve son oturumu olan Hava Kirliliği oturumu gerçekleştirilmiştir. Öğrencilerin hava kirliliğine neden olan maddeleri ve bu kirliliğe neden olan etmenleri engelleyebilmek için neler yapılabileceklerine dair farkındalıklarının geliştirilmesi amaçlanmıştır. Etkinlik 2,5 saat (150 dk.) sürmüştür.

- 20 Nisan 2012 tarihinde öğrencilere çalışmanın modeline uygun olarak ön test ve son test puanları arasındaki farkı belirleyebilmek adına Çevresel Farkındalık Ölçeği uygulanmıştır. Uygulanan son testin ardından öğrencilerin yaratıcı drama yöntemine dair düşüncelerini belirleyebilmek adına Yaratıcı Drama Yöntemine İlişkin Öğrenci Değerlendirme Formu uygulanmıştır.

Yaratıcı drama yöntemi kullanılarak gerçekleştirilen oturumlardan örnek etkinlikler aşağıda verilmiştir.

5 Nisan 2012 tarhinde öğrencilerle gerçekleştirilen oturumun ana konusu "Toprak Kirliliği" idi. Bu oturumun ısınma – hazırlık aşamasında yapılan bir etkinlik şu şekildedir.

Etkinlik (Isınma – Hazırlık): Öğrencileri zihinsel ve bedensel olarak sürece hazırlamak için yararlanılan bir etkinliktir.

Öğretmen sınıfın belirli yerlerine gazete kâğıdı koyar. Öğrencilerin 1'den 4'e kadar saymalarını ister. Aynı rakamı oluşturanlar grup oluştururlar. Öğretmen önce 1'ler ile başlayarak müzik eşliğinde yürümelerini ve müziği durdurduğunda ise gazete kâğıtlarının üzerine çıkmalarını ister.

Öğretmen daha sonra sürece 2'leri katar ve müzik eşliğinde yürümelerini ve müziği durdurduğunda ise gazete kâğıtlarının üzerine çıkmalarını ister.

Öğretmen daha sonra sürece 3'leri katar ve müzik eşliğinde yürümelerini ve müziği durdurduğunda ise gazete kâğıtlarının üzerine çıkmalarını ister.

En sonunda öğretmen gazete sayısını değiştirmeden 4'leri de oyuna dâhil eder ve müzik eşliğinde yürümelerini ve müziği durdurduğunda ise gazete kâğıtlarının üzerine çıkmalarını ister.

Etkinliği tamamlamadan önce öğretmen "Az kişi varken mi yoksa çok kişi varken mi gazete bulmakta zorlandınız. Hangisinde alanlarınız daha çok kısıtlandı" der.

Gelen görüşler üzerine öğretmen artan nüfusun hem çevreyi işgal ettiğini hem de işgal ettiği alanda kirliliklere neden olduğunu vurgular. Burada öğretmenin temel amacı artan nüfusun doğa üzerindeki baskısını gözler önüne sermek ve nüfus artışının çevre kirliliklerine neden olduğunu göstermektir.

12 Nisan 2012 tarhinde öğrencilerle gerçekleştirilen oturumun ana konusu "Su Kirliliği" idi. Bu oturumun canlandırma aşamasında yapılan bir etkinlik şu şekildedir.

Etkinlik (Canlandırma): Canlandırma, ısınma – hazırlık etkinliği ile sürece ısınması sonrası gerçekleştirilen ve katılımcıların yaşantılarından beslenen aşamadır.

Öğretmen öğrencilerin 1'den 5'e kadar sayarak aynı rakamları söyleyenlerin grup oluşturmalarını ister. Her bir gruba su kirliliğine dair bilgi kartları vererek su kirliliği konusunda bilgilenmelerini sağlar. Sonrasında öğretmen öğrencilere dramatik durumlar vererek canlandırma yapmalarını ister. Bu gruplara dramatik durumlar içeren birer durum kartı verir ve bu duruma dair doğaçlamalar yapmalarını ister.

Durum kartları:

Birinci grup: İçme suyuna karışan mikrop yüzünden hastanedeki hasta sayısı artmıştır. Doktorlar kendi aralarında bu durumu konuşmaktadırlar.

İkinci grup: Su kesintisi nedeniyle işleri yarım kalan kadınlar kendi aralarında konuşmaktadırlar.

Üçüncü grup: Avdan ağları boş dönen balıkçılar buna denizlerdeki kirliliğin neden olduğunu düşünmektedirler. Bu konu hakkında aralarında konuşurlar.

Dördüncü grup: Petrol tankerinin bir başka gemiyle çarpışması nedeniyle denize petrol sızmıştır. Denizdeki canlılar aralarında bu durum hakkında konuşmaktadırlar.

Bu etkinlikte amaç öğrencilerin yaşantılarından yararlanmak, empati becerilerini geliştirmek ve bir konu karşısında farklı düşünüp yorumlayabilme becerilerini geliştirmektir.

2.5. Verilerin Analizi

Uygulanan Çevresel Farkındalık Ölçeği neticesinde alınan veriler SPSS 16.0 paket programı aracılığıyla analiz edilmiş ve değerlendirilmiştir. Öğrencilerin bu ölçekten aldıkları ön test ve son test puanları karşılaştırılarak bu iki puanlar arasındaki değişimlerden yararlanılarak değerlendirmelerde bulunulmuştur. Araştırmanın nitel verilerini oluşturan Yaratıcı Drama Yöntemine İlişkin Öğrenci Değerlendirme Formu ise frekans analizi yöntemiyle analiz edilmiş ve değerlendirilmiştir.

Nicel veriler elde edilirken öğrencilerin samimiyetle cevap vermelerini sağlamak ve değerlendirmelerin not ile yapılmayacağından emin olmaları için Çevresel Farkındalık Ölçeğine isimleri yerine kendi belirledikleri bir rumuz yazmaları istenmiştir.

Rumuzların aynı olma ihtimali göz önünde bulundurularak da öğrencilerin rumuzlarına sayılar eklemeleri istenmiştir. Öğrencilere rumuzlarını unutmamaları için not almaları gerektiği belirtilmiştir. Buradaki amaç ise öğrencinin son testte de aynı rumuz ve rakamı kullanması dolaysıyla karşılaştırmaların ve değişimlerin sağlıklı belirlenmesidir.

III. BÖLÜM

BULGULAR VE YORUMLAR

Bu bölüm araştırmanın amacına yönelik yapılan uygulamaların nicel ve nitel verilerinin çözümlenmesinden oluşmaktadır. Nicel verilerin bulguları Çevresel Farkındalık Ölçeğinin ön test ve son test olarak uygulanması ve bu uygulamalar arasındaki değişimlerin çözümlenmesinden oluşmaktadır. Öğrencilerin Çevresel Farkındalık Ölçeğinden aldıkları puanlar bir tablo üzerinde her bir öğrencinin süreç öncesi ve sonrasındaki değişimlerini göstermektedir. Öğrencilerin bireysel olarak değişimlerinin bulunduğu tablonun yanı sıra öğrencilerin uygulama öncesinde yapılan ön test ve denel işlem sonrasında gerçekleştirilen son test puanlarının SPSS 16.0 paket programına tabi tutularak elde edilen verilerin yorumlanmasından oluşmaktadır. Nitel verilerin bulgularını ise öğrencilerin yaratıcı drama uygulamaları ile Çevremizdeki Kirlilik konusunu işlemeleri sonrasında Yaratıcı Drama Yöntemine İlişkin Öğrenci Değerlendirme Formuna verdikleri cevapların içerik analizleri rastgele seçilmiş 5 öğrencinin değerlendirme formunda yer alan görüşlerinin tablo yer aldığı tablolara bağlı olarak değerlendirilmiştir.

3.1. Fen Ve Teknoloji Dersi, "Canlılar Dünyasını Gezelim, Tanıyalım" Ünitesi, "Yaşadığımız Çevre" Konusu "Çevremizdeki Kirlilik" Öğrenme Alanının Yaratıcı Drama Yöntemi İle İşlenmesinin Öğrenci Farkındalığına Etkisi

Araştırmanın asıl amacını, Fen ve Teknoloji Dersi, "Canlılar Dünyasını Gezelim, Tanıyalım" ünitesi, "Yaşadığımız Çevre" konusu "Çevremizdeki Kirlilik" öğrenme alanının yaratıcı drama yöntemi ile işlenmesi öğrenci farkındalığına nasıl etki etmektedir? Sorusuna aranan yanıt oluşturmaktadır. Bu soruya yanıt bulabilmek için de oluşturulan Çevresel Farkındalık Ölçeği yaratıcı drama yöntemi ile ders işlenmeden önce ilgili gruba uygulanmıştır. Yaratıcı drama yöntemiyle "Çevremizdeki Kirlilik" öğrenme alanı işlendikten sonra Çevresel Farkındalık Ölçeği aynı gruba tekrar uygulanmış. Son testin yapılmasının ardından öğrencilerin ön test ve son test puanları arasındaki değişimler göz önünde tutularak yorumlar yapılmıştır. Üçlü likert tipinden oluşan ölçekte maddeler en düşük seviyede özellik 1, en yüksek seviyede özellik 3 puan olacak şekilde puanlanmıştır.

Tablo 3.1. Çevresel Farkındalık Ölçeği Öğrenci Puanları

Öğrenci Rumuzu	Ön test puan	Son test puan	Değişim
yıldız10	85	88	+3
maymun58	78	85	+7
aslan7	96	108	+12
tavşan54	95	98	+3
çilek639	97	106	+9
çita68	103	104	+1
kralaslan38	89	95	+6
toka17	85	88	+3
aslan3	89	92	+3
harita28	102	107	+5
leopar0001	80	80	-----
aslan1905	86	97	+11
kedi06	91	104	+13
aslan62	88	95	+7
akrep632	106	105	-1
aslan1	83	95	+12
sakinkral46	102	102	-----
kurnaz5	79	82	+3
saat44	98	106	+8
çilek525	90	96	+6
kurt1500	93	96	+3
çakal344	101	106	+5
kalemaçacağı51	71	80	+9
kedi50	80	90	+10
tavşan42	102	104	+2

prenses5	89	101	**+12**
aslan17	103	101	**-2**
kanguru33	96	100	**+4**
aslan58	81	87	**+6**
güneş95	93	103	**+10**
tavşan22	93	101	**+8**
Ortalama	**91,10**	**96,84**	**5.74**

Tabloda öğrencilerin ön test ve son test puanları ile birlikte bu testlerde aldıkları puanların farkı –değişimleri- gösterilmektedir. Tabloda bulunan puanlar ve puanlar arası değişimlerden yola çıkarak 2 öğrencinin son test puanlarının ön test puanlarına göre düştüğü, 2 öğrencinin ön test ve son test puanlarının aynı olduğu ve 27 öğrencinin son test puanlarının ön test puanlarına göre arttığı gözlemlenmiştir.

31 öğrenci ile gerçekleştirilen uygulamada öğrencilerin yaratıcı drama yöntemiyle Çevremizdeki Kirlilik konusunun işlenmesi öncesi ve sonrasındaki Çevresel Farkındalık Ölçeğinden aldıkları toplam puanların karşılaştırıldığı sonuçlar SPSS 16.0 özet çıktısı tablo 3.1. verilmiştir.

Tablo 3.1. Öğrencilere Uygulanan Çevresel Farkındalık Ölçeğine ait Ön Test ve Son Test Puanlarının Karşılaştırılması

Eşleştirilmiş Örnek İstatistikleri				
	Anlamlılık	N	Standart Sapma	Standart Hata
Ön test	91.10	31	8.901	1.599
Son test	96.84	31	8.339	1.498

Tablo 3.1de görüldüğü üzere yaratıcı drama yöntemi kullanılarak Çevremizdeki Kirlilik konusunun işlenmesinden önce bu yöntem ile oturumların gerçekleştirileceği öğrencilere ön test olarak Çevresel Farkındalık Ölçeği uygulanmıştır. Uygulanan ön testten elde edilen verilerin analizinde bu ölçeğe ait anlamlılığın ve puanlamaların ortalamasının 91.10 olduğu görülmektedir. Diğer taraftan ön teste ait standart sapmanın da 8.901 gibi bir değer aldığı yine tablodan anlaşılmaktadır. Öğrencilerle yaratıcı drama

yöntemi kullanılarak işlenen Çevremizdeki Kirlilik konusu sonrasında ön test olarak uygulanan Çevresel Farkındalık Ölçeği tekrar aynı öğrencilere uygulanmıştır. Çalışma sonrası gerçekleştirilen bu uygulama ise araştırma açısından son test niteliği taşımaktadır. Son testten elde edilen verilerin analizi sonucunda ise son testte anlamlılığın 96.84 olduğu ve standart sapmanın ise 8.339 değeri aldığı görülmektedir. Bu tablodan da anlaşılmaktadır ki Çevremizdeki Kirlilik konusunun yaratıcı drama yöntemi ile işlenmesi her bir öğrenci için ortalama olarak 5.74 puan gibi bir artış meydana getirmiştir.

Çevresel Farkındalık Ölçeği ön test ve son test ortalama puanları arasındaki farkın anlamlılığı için yapılan test sonuçları ise aşağıdaki tabloda verilmiştir.

Tablo 3.2. Öğrencilerle Yapılan Ön Test Ve Son Test Arasındaki Anlamlılık

Grup	N	$\overline{X}$	S	df	t	p
Ön Test	31	91,10	8,9	30	7,550	.000
Son Test	31	96,84	8,3			

Tablo 3.3'te görüldüğü üzereöğrencilerin yaratıcı drama yöntemiyle Çevremizdeki Kirlilik konusunun işlenmesi neticesinde çevresel farkındalıklarında anlamlı bir artma sağladığını söyleyebiliriz. Ayrıca tabloda verilenler yorumlandığında uygulama öncesinde öğrencilerin ortalama puanları $\overline{X}$ = 91,10 iken uygulama sonrası öğrencilerle gerçekleştirilen son test neticesinde öğrencilerin ortalama puanlarının $\overline{X}$ = 96,84 olarak artış gösterdiği belirlenmiştir. Ortalama artış her bir öğrenci için 5.74 iken tüm öğrenciler için (5.74).31=177.94'tür

3.2. Fen Ve Teknoloji Dersinde Yaratıcı Drama Yönteminin Kullanılmasının, Öğrenci Görüşlerine Etkisi

Yaratıcı drama yönteminin, Fen ve Teknoloji dersinde öğrencilerin farkındalıklarına etkisini ölçmek amacıyla oluşturulan Çevresel Farkındalık Ölçeğinin yanında nitel veriler elde etmek adına "Öğrenci Değerlendirme Formu" kullanılmıştır. Nitel anlamda öğrenci farkındalığının çalışmadan nasıl etkilendiğinin belirlenmesinin yanı sıra bu etkiler meydana gelirken yönteme, derse karşı ne tür görüşler oluşturduklarının belirlenmesi amaçlanmıştır. Oluşturulan bu formla aynı zamanda yapılandırmacı yaklaşımın merkezini oluşturan öğrencinin görüşlerine başvurulmuştur. Diğer bir deyişle yöntem alıcısı tarafından değerlendirilme imkânı bulmaktadır.

Öğrenci değerlendirme formundan elde edilen veriler içerik analiz türlerinden olan "frekans analizi" ile incelenerek sözcükler ve yüzdeler çıkarılıp, tablolar şeklinde verilmiş ve yorumlanmıştır.

3.2.1 Derslerin Yaratıcı Drama Yöntemiyle İşlenmesine Dair Öğrenci Görüşleri

Yaratıcı drama yöntemi ile ders işlenirken neler hissettiniz? Neden? Sorusunu öğrencilerin yanıtlarken kullandıkları sözcükler tablo 3.3'te gösterilmiştir.

Tablo 3.3. Öğrencilerin Yaratıcı Drama Yöntemiyle Ders İşlenirken Neler Hissettiklerine Dair Görüşlerine İlişkin Sözcük Analizleri

Sözcükler	f	%
Eğlence	8	36.36
Heyecan	6	27.27
Mutlu	5	22.72
Merak	2	9.09
Keyif	1	4.54

Yaratıcı Drama Yöntemine İlişkin Öğrenci Değerlendirme Formunda öğrencilere açık uçlu sorular sorulmuştur. Bu sorulara alınan yanıtlardan içerik analizi yoluyla elde edilen bulgulara göre Çevremizdeki Kirlilik konusunun yaratıcı drama yöntemiyle işlenmesi öğrencilerde eğlence, heyecan, mutluluk, sevinç, merak ve keyif gibi duygu durumları bırakmıştır.

Bu bulgular ışığında yaratıcı drama yöntemiyle Çevremizdeki Kirlilik konusunun işlenmesi öğrencileri olumlu duygulara sevk etmiş, veriler incelendiğinde sıkılan, tedirgin olan yahut olumsuz duygulara sahip hiçbir öğrenci bulunmadığı görülmüştür.

Öğrencilerden bazılarından gelen değerlendirmeleri kendi cümleleri ile "Çevreyi, suyu, ormanı, havayı, toprağı vb. şeyleri temiz tutmamız gerektiğini anladım. Bazı etkinliklerde gözerimizi kapatıp temiz ve kirli çevreyi karşılaştırdık. Bu etkinliklerle temiz havanın ne kadar önemli olduğunu hissettim. Drama ile ders yapmak çok güzeldi. Bize çok güzel şeyler öğretti.", "Çok güzel duygular hissettim. Çünkü daha önce sınıf arkadaşlarımla hiçbir zaman böyle güzel oyunlar oynamamıştım. Yaratıcı drama derslerinde çok eğlendim ve yeni şeyler öğrendim.", "Mutluluk hissettim. Çünkü yaratıcı drama çok eğitsel bir oyun hem de çok heyecanlı.", "Yaratıcı dramayı çok sevdim. Birçok şey öğrendim. Hava, su ve toprağa zarar verdiğimizi anladım ve bilinçlendim.", "Yaratıcı drama ile ders işlerken meraklandım ve heyecanlandım. Çünkü neler yapacağımızı merak ettiğim için heyecanlandım." şeklinde belirtmişlerdir..

3.2.2 Yaratıcı Drama Yönteminin Öğrencilere Kazandırdıkları

Yaratıcı drama yöntemi size neler kazandırdı? Sorusunu öğrencilerin yanıtlarken kullandıkları sözcükler.

Tablo 3.4. Yaratıcı Drama Yönteminin Öğrencilere Neler Kazandırdığına Dair Görüşlerine İlişkin Sözcük Analizleri

Sözcükler	f	%
Bilgi	7	25.92
Çevre	5	18.51
Kirlilik	5	18.51
Duyarlı	3	11.11
Öğrenme	2	7.40
Yaratıcılık	1	3.70
Güven	1	3.70
Grup Çalışması	1	3.70
Canlandırma	1	3.70
Oyun	1	3.70

Yaratıcı drama yöntemi sayesinde neler kazandıklarını açıklarken kullandıkları kelimeler analiz edildiğinde ise öğrencilerin büyük birçoğu bilgi elde ettiğini açıklamış bir kısmı konu ile ilgili olan çevre ve kirliliklere dair öğrenmelerini sağladıklarını belirtmiştir. Farkındalık çalışması olduğu için öğretirken duyarlılığı artırmak da çalışmanın hedeflerindendi. Duyarlılık kazandığını söyleyen öğrenciler sayesinde bu hedefe ulaşıldığı söylenebilir. Yaratıcılığında değişmeler olduğunu belirten, grupla çalışmayı öğrettiğini belirten, canlandırma yapabildiğini ve oyun oynayarak öğrendiğini belirten öğrenciler olmuştur. Öğrencilerden bazıları bu soruyu "Çevremize karşı duyarlı olmayı. Çevremizi temiz tutmayı. Doğayı korumayı. Temiz bir çevre istiyorsak çevreye saygılı olmamız gerektiğini. Farklılıklara hoşgörü ile yaklaşmayı öğretti.", "Çevremizi kirletmemeyi öğretti. Çevremize karşı duyarlı olmayı, doğayı korumayı öğretti.", "Yaratıcı düşünmemizi, zihnimizi kullanmayı sağladı. Ayrıca havayı, suyu, toprağı yani doğayı kirletmemem gerektiğini öğretti.", "Yaratıcı drama sayesinde yeni oyunlar ve yeni etkinlikler öğrendim. Çok güzel bir yöntemdi, çok eğlendirdi.", "Yaratıcı drama yöntemi bana yeni bilgiler öğretti. Çevreyi kirletmemem gerektiğini öğretti." şeklindedeğerlendirmişlerdir.

3.2.3 Derslerin Yaratıcı Drama Yöntemi Kullanılarak İşlenmesinin Diğer Yöntemler Kullanılarak İşlenmesine Göre Öğrencilere Etkisi

Diğer yöntemlere göre yaratıcı drama yöntemi ile ders işlenmesi sizi nasıl etkiledi? Neden? Sorusunu öğrencilerin yanıtlarken kullandıkları sözcükler.

Tablo 3.5. Öğrencilerin Yaratıcı Drama Yöntemiyle Diğer Yöntemleri Karşılaştırmasına İlişkin Görüşlerinin Sözcük Analizleri

Sözcükler	f	%
Güzel	11	34.37
Eğitici	10	31.25
Mutlu	4	12.49
Eğlenceli	3	9.37
Farklı	2	6.25
Canlandırma	1	3.12
Oyun	1	3.12

Öğrenciler tarafından yaratıcı drama yöntemi kullanılarak ders işlenmesinin olumlu olduğu vurgulanmıştır. Bu soruya cevap verirken öğrenciler mutlu bir şekilde eğlenerek öğrendiklerini, canlandırmalardan keyif aldıklarını, yaratıcı dramanın her zaman kullandıkları yöntem ve sistemlerden farklı olduğunu belirtmişlerdir. Öğrenciler özellikle sevinç, mutluluk, eğlence gibi olumlu duygularını belirtirken birçok şey öğrendiklerini söyleyerek sürecin eğiticiliği üzerinde de durmuşlardır. Öğrencilerin bir kısmının bu soruya ilişkin yanıtları "Yaratıcı dramada konuları canlandırarak anlıyoruz. Fakat diğer derslerde sadece yazarak ve okuyarak öğreniyoruz. Drama eğitici ve öğretici bir yöntem.", "Diğer derslere göre daha eğlenceli ve güzel. Yaparken çok mutlu oldum." "Bende çok güzel duygular uyandırdı. Çünkü okulda hep sıralarda ders işliyoruz. Fakat drama ile eğlenip öğreniyoruz.", "Çok güzel etkiledi çünkü öğrenirken çok eğlendim.", "Diğer dersleri de seviyorum ama yaratıcı drama daha eğlenceli." şeklinde olmuştur.

IV. BÖLÜM

SONUÇ VE ÖNERİLER

Fen ve Teknoloji Dersinde "Çevremizdeki Kirlilik" konusunun yaratıcı drama yöntemiyle işlenmesi sonucunda ulaşılan sonuçlar şu şekildedir: Uygulamadan elde edilen sonuçlara göre uygulama grubunun ön test ve son test puanları kıyaslandığında öğrencilerin son test puanlarında anlamlı bir farkın olduğu görülmektedir. Yaratıcı drama yöntemiyle ders işlenmesi sonrasında puanlardaki bu denli artışı yaratıcı drama yönteminin öğrenciler üzerinde olumlu etki bıraktığı şeklinde yorumlanabilir.

Bu sonuçlar da Yalım (2003)'ün ön test – son test kontrol gruplu modele göre desenlediği fen bilgisi dersinin yaratıcı drama yöntemi ile işlenmesinin öğrencilerin akademik başarılarına etkisi çalışmasında, Yılmaz (2006)'ın ilköğretim 7. Sınıf öğrencileri üzerinde yaptığı ön test – son test kontrol gruplu 'Tüm Canlılarla Ortak Yuvamız Mavi Gezegenimizi Tanıyalım' ünitesinde, Zayimoğlu (2006)'nun ilköğretim 6. Sınıf öğrencileri ile gerçekleştirdiği Coğrafya ve Dünyamız ünitesinde, Özdemir ve Üstündağ (2007)'ın ön test – son test tek gruplu modele göre desenledikleri ve bilimadamlarının hayat öykülerinin ve bilime olan katkılarını konu edinen çalışmalarında Aykaç (2008)'ın ilköğretim 4. Sınıf öğrencilerine uyguladığı 'Hep Birlikte' temasında, Tuncel (2009)'un 'Maddenin Tanecikli Yapısı' ünitesi temelinde ikisi deney, ikisi kontrol olmak üzere dört grup üzerinde gerçekleştirdiği çalışmasında da gözlendiği üzere yaratıcı drama lehine bir sonuç ortaya koymuştur.

Öğrencilere sunulan Yaratıcı Drama Yöntemine İlişkin Öğrenci Değerlendirme Formundan alınan veriler analiz edildiğinde elde edilen nitel veriler değerlendirilmiştir. Yaratıcı drama yöntemi ile "Çevremizdeki Kirlilik" konusu işlenirken neler hissettiklerine dair sorulan sorulara verdikleri yanıtlar incelenmiştir. İncelemeler neticesinde öğrencilerin ders işlenirken daha çok eğlendikleri her an etkinliklere katıldıkları için etkinlikleri daha iyi hatırladıkları, her bir ekinlik sonrasında nasıl bir etkinliğin geleceğini heyecanla bekledikleri belirlenmiştir. Bu sayede öğrencilerin konuları önceden merak ettikleri, neler yapılabileceğine dair düşünmüş olmaları da onları derslere güdülemiştir. Öğrencilerin eğlenirken öğrendikleri de yine onlardan alınan yanıtlar değerlendirilerek görülmüştür.

Yaratıcı drama yönteminin onlara ne kazandırdığı yönündeki soruya verdikleri yanıtlardan yöntemin özellikle öğrencileri çevre kirlilikleri konusunda bilgilendirdiği anlaşılmaktadır. Öğrenciler etkinlikler boyunca yöntemden dolayı sürekli kendilerinin yaşayarak öğrendiklerini belirtmişlerdir. Çalışma sonrasında bazı öğrenciler çevreye daha duyarlı davrandığını ifade etmiştir. Öğrenciler canlandırmalarda çevreyi kirleten, çevreyi korumaya çalışan, çevrede bulunan bir hayvan, bir bitkiyi canlandırdıkları için de onların neler hissediyor olabileceklerine dair varsayımlarda bulunmuşlardır. Bu da bizleri öğrencilerde istenen empatinin oluşturulduğu sonucuna ulaştırmaktadır. Bazı öğrenciler ise yaratıcı drama yöntemi ile daha önce hiç birlikte olmadıkları arkadaşları ile oyun oynama imkânı bulduklarını, aynı gruplarda çalışmalar yaptıklarını ve arkadaşlarını tanıdıklarını belirtmişlerdir. Bu da yaratıcı dramanın birleştirici bir etkisi olduğunu gözler önüne sermektedir.

Diğer yöntemlere göre yaratıcı drama yöntemini değerlendirmelerinin istendiği diğer bir soruya öğrencilerden alınan görüşlerin analiz edilerek bazı sonuçlara ulaşılmıştır. Öğrenciler yaratıcı drama yöntemiyle ders işlenmesinin diğer yöntemlere göre daha güzel olduğunu belirtmişler ve bu süreç içerisinde mutlu olduklarını bildirmişlerdir. Öte yandan öğrenciler yaratıcı drama sürecini eğlenceli ve eğitici olarak nitelendirirken diğer derslerde bilgileri öğrendiklerini fakat bu yöntemle ders işlenirken aynı zamanda öğrendiklerini de belirtmişlerdir. Oyunlar oynayarak öğrenmelerini de diğer derslerden farklı olarak nitelendirerek hem oyun oynayıp hem de öğrenmenin onları çok sevindirdiğini belirtmişlerdir. Ayrıca diğer derslerde yazarak, okuyarak ve sıralarında oturarak işledikleri derslerin yerine yaratıcı drama yönteminde sınıfın her bölgesini kullandıklarını canlandırmalar yaptıklarını belirttiler.

Öğrencilerle gerçekleştirilen Çevresel Farkındalık Ölçeğinin analiz edilmesi neticesinde çevresel farkındalıklarının artırılmasında yaratıcı drama yönteminin etkisi olduğu söylenebilir. Yaratıcı Drama Yöntemine İlişkin Öğrenci Değerlendirme Formlarının analizi ile de yaratıcı drama yönteminin tüm öğrencilerin keyifle katılmasını sağlayan, eğiten, eğlendiren, yön veren, öz güven geliştiren, öğrencilerin yaparak yaşayarak kalıcı öğrenmeler kazanmasını sağlayan bir yöntem olduğu söylenebilir.

Öğrencilerle birlikte gerçekleştirilen Çevresel Farkındalık Ölçeği ve Yaratıcı Drama Yöntemine İlişkin Öğrenci Değerlendirme Formlarından elde edilen sonuçlar şu şekilde yorumlanabilir:

Yaratıcı drama yöntemi kullanılarak işlenilen Çevremizdeki Kirlilik konusu ve bu konu için derlenen Çevresel Farkındalık ölçeğinin ön test ve son test puan ortalamaları göz önüne alındığında yaratıcı drama yönteminin bireylerin çevreye yönelik farkındalıklarını artırmada kullanılabileceği söylenebilir.

Yaratıcı drama yöntemi ile ders işlenmesi sonrasında araştırmanın nitel veri ve analizlerinin kaynağını oluşturan Yaratıcı Drama Yöntemine İlişkin Öğrenci Değerlendirme Formu değerlendirildiğinde öğrenciler etkinlikler süresince bir çok role girdikleri ve canlandırmalarda bulundukları için canlandırdıkları şey gibi olduklarını hayal ettiklerini belirtmişlerdir. Hiçbir öğrenci tam olarak "empati" kelimesini kullanmamış olsa bile yazıların ana fikri bu kavram üzerindedir. Şu halde yaratıcı drama yöntemi bireylerde empati oluşturmada etkilidir, denilebilir.

Yaratıcı drama yöntemiyle işlenen bu dersin her iki değerlendirme aracından alınan neticeler göstermektedir ki yaratıcı drama yöntemi ile ders işlenmesi bireylerin çevreye dair duyarlılıkları artırılabilir.

Yaratıcı drama yönteminin alıcısı tarafından değerlendirilmesinin gerçekleştiği Yaratıcı Drama Yöntemine İlişkin Öğrenci Değerlendirme Formunda sorulan 1. ve 3. sorulara öğrencilerce verilen cevaplar göstermektedir ki yaratıcı drama yöntemi eğlendirirken öğreten eğitsel bir etkinliktir.

Yaratıcı drama yöntemi seyirci barındırmaması ve tüm katılımcılarını her an süreçte tutan öğrencilerin her an aktif olmalarını sağlayan bir yöntemdir. Ayrıca buna dair değerlendirme yine öğrenci görüşlerinde belirlenmiştir.

Yaratıcı drama yöntemi kullanılarak bireyler arası etkileşim ve iletişim daha kaliteli bir hale getirilebilir, sonucu öğrencilerin değerlendirme formunda verdikleri cevapların analizi sonucunda elde edilmiştir. Bu sonuca ulaştıran ise öğrencilerin daha önce pek çok arkadaşı ile bu kadar etkileşimde bulunmadıklarını belirtmeleridir.

Yaratıcı drama yöntemiyle edinilen kazanımlar öğrencilerce canlandırdıkları, rol oynadıkları, doğaçladıkları ve sürekli olarak aktif oldukları için daha kolay öğrenip unutmadıklarını şeklinde belirtilmiştir. Şu halde denilebilir ki yaratıcı drama yönteminde edinilen kazanımlar yaşantılar yolu ile kazanıldığı için daha kalıcı olabilmektedir.

Öneriler

1. Fen ve Teknoloji Dersinde, çocuklarda kalıcı ve anlamlı öğrenmeler için yaratıcı drama yöntemine daha fazla yer verilmelidir.

2. Fen ve Teknoloji Dersinde, yaratıcı drama ve kullanılmakta olan yöntem ve teknikler karşılaştırılarak öğrencilerin başarı, farkındalık ve görüşlerine etkisi araştırılmalıdır.

3. Fen ve Teknoloji dersini veren öğretmenlere yaratıcı drama eğitmenlerince seminerler verilmelidir.

4. Eğitim fakültelerinde ilköğretim fen bilgisi bölümlerinde zorunlu olarak yaratıcı drama dersleri konulmalıdır.

KAYNAKÇA

Adıgüzel, H. Ö. (1993). Oyun ve Yaratıcı Drama İlişkisi. Yayımlanmamış Yüksek Lisans Tezi, Ankara Üniversitesi Eğitim Bilimleri Enstitüsü, Ankara.

Adıgüzel, H. Ö. (1994). Çukurova Üniversitesi Eğitim Bilimleri Kongresi Bildirisi C:2, 522-533

Adıgüzel, H. Ö. (2002). "Yaratıcı Drama –Eğitsel Boyutları" Yaratıcı Drama 1985-1995 Yazılar. (Edt. H. Ömer Adıgüzel,). Ankara: Naturel Yayınları.

Adıgüzel, H. Ö. (Edt.). (2005). Forum Tiyatro, Devinim- Drama. IX. Uluslararası Eğitimde Yaratıcı Drama Semineri. Naturel Yayıncılık, Ankara.

Adıgüzel, H. Ö. (2006) Yaratıcı Drama Kavramı, Bileşenleri ve Aşamaları. Yaratıcı Drama Hakemli Dergisi. Cilt1, Sayı1, Ankara.

Adıgüzel, H. Ömer. (2007). Dramada Temel Kavramlar. İlköğretimde Drama (Edt. Ali Öztürk). Eskişehir: Anadolu Üniversitesi Yayını.

Adıgüzel, Ö., (2010). Eğitimde Yaratıcı Drama, Naturel Yayınevi. 1. Baskı, Ankara.

Açıkgöz, K., (2004) Aktif Öğrenme. Eğitim Dünyası Yayınları, Altıncı Baskı, İzmir.

Akköse, E. (2008). Okulöncesi Eğitimi Fen Etkinliklerinde Doğa Olaylarının Neden-Sonuç İlişkilerini Belirlemede Yaratıcı Dramanın Etkililiği. Eskişehir Anadolu Üniversitesi Eğitim Bilimleri Enstitüsü Yüksek Lisans Tezi. Eskişehir.

Akoğuz, M. (2002). İletişim Becerilerinin Geliştirilmesinde Yaratıcı Dramanın Etkisi. Ankara Üniversitesi Eğitim Bilimleri Enstitüsü. Yüksek Lisans Tezi. Ankara.

Aldağ, E. (2010). The Effects Of Creative Drama On Enhancement of Motivation in Language Learning. Atatürk Üniversitesi Sosyal Bilimler Enstitüsü. Erzurum.

Altun, Y., (2004) Yapılandırıcı Öğrenme Teorisine Dayanan Laboratuar Aktivitesi: Üniversite Öğrencilerine Suyun Otoproliz Sabiti Tayinin Öğretilmesi. G. Ü. Gazi Eğitim Fakültesi Dergisi, cilt 24, Sayı 1, 125-134.

And, M. (1974) Oyun ve Bügü, Ankara:İşbankası Yayınları

Aykaç, M. (2008). Sosyal Bilgiler Dersinde Yaratıcı Dramanın Yöntem Olarak Kullanılmasının Öğrenci Başarısına Etkisi. Ankara Üniversitesi Eğitim Bilimleri Enstitüsü. Yüksek Lisans Tezi. Ankara.

Başkan, H. (2006). Fen Ve Teknoloji Öğretiminde Drama Yönteminin Kavram Yanılgılarının Giderilmesi Ve Öğrenci Motivasyonu Üzerine Etkisi. Karadeniz Teknik Üniversitesi Fen Bilimleri Enstitüsü. Trabzon.

Boran, E. (2010). Risk Guruplarıyla Sosyal Alanda Yaratıcı Drama Çalışmalarının Etkileri. İstanbul Üniversitesi Sosyal Bilimler Enstitüsü. Yüksek Lisans Tezi. İstanbul

Bozdoğan Z. (2003) *Okulda Rehberlik Etkinlikleri ve Yaratıcı Drama*, Ankara: Nobel Yayın Dağıtım

Budak, B. (2008) İlköğretim Kurumlarında Çevre Eğitiminin Yeri Ve Uygulama Çalışmaları. Ege Üniversitesi Fen Bilimleri Enstitüsü, Yüksek Lisans Tezi, İzmir

Büyüköztürk, Ş., (2008) Bilimsel Araştırma Yöntemleri, Ankara, 2. Baskı, Pegem Akademi

Can, T., (2006) Oluşturmacılık ve Yabancı Dil Dersleri. İzmir Tevfik Fikret Okulları, Eğitimde Çağdaş Yönelimler-3: Yapılandırmacılık ve Eğitimi Yansımaları Sempozyumu.

Çepni, S. ve Çil, E. (2009). Fen ve Teknoloji Programı İlköğretim 1. ve 2. Kademe Öğretmen Kitabı, Ankara: Pegem A yayıncılık.

Çevre Bakanlığı (ÇB). (2003). Çevre El Kitabı. Ankara: Çevre Bakanlığı Yayını.

Çoban, E. (2007). Sosyal Beceri Sorunu Olan Öğrenciler Ve Annelerine Uygulanan Yaratıcı Drama Etkinlikleri Programının Öğrencilerin Sosyal Beceri Düzeylerinin Gelişimi Üzerindeki Etkisi. Dokuz Eylül Üniversitesi Eğitim Bilimleri Anabilim Dalı. Yüksek Lisans Tezi. İzmir.

Çokadar, H., Yılmaz, G., (2010). Teaching Ecosystems and Matter Cycles with Creative Drama Activities. Journal of Science Education and Technology. Volume: 19, Issue: 1, Pages: 80-89.

Demiröz, E. (2010). Yaratıcı Dramanın Öğretmen Adaylarının Demokratik Tutumları, Bilişüstü Farkındalıkları Ve Duygusal Zekâ Yeterliliklerine Etkisi. Dokuz Eylül Üniversitesi Eğitim Bilimleri Anabilim Dalı. Doktora Tezi. İzmir.

Dirim, A., (2002). Okul Öncesi Eğitiminde Yaratıcı Drama, İstanbul, Esin Yayıncılık.

Durmuş, E. (2006). Yaratıcı Drama ile Bütünleştirilmiş Grupla Psikolojik Danışmanın Üniversite Öğrencilerinin Utangaçlık Düzeylerine Etkisi. Ankara Üniversitesi Eğitim Bilimleri Enstitüsü. Doktora Tezi. Ankara.

Eğitmen, A. (1999). Yaratıcı Drama Lideri. Eğitimde Tiyatroda Yaratıcı Drama, Çağdaş Drama Derneği Bülteni, 2: 14-15

Fenli, A. (2010). Sınıf Öğretmeni Adaylarının Yaratıcı Drama Dersine Yönelik Tutumları (Makü Örneği). Mehmet Akif Ersoy Üniversitesi Sosyal Bilimler Enstitüsü. Yüksek Lisans Tezi. Burdur.

Gönen, M.; Uyar Dalkılıç, N., (2003), *Çocuk Eğitiminde Drama*, İstanbul, Epsilon Yayınları.

Kaptan, F., (1999) Fen Bilgisi Öğretimi. Milli Eğitim Basımevi, İstanbul.

Karaçil, M. (2009). İlköğretim 1.kademede Yaratıcı Drama Yönteminin Öğrencinin Akademik Başarısına Etkisi. Kafkas Üniversitesi Sosyal Bilimler Enstitüsü. Yüksek Lisans Tezi. Kars.

Karadağ, Engin, Kuramdan-uygulamaya İlköğretimde Drama, Ankara, Anı Yayıncılık, 2005.

Karapınarlı, R. (2007). İlköğretim 7. Sınıf Matematik Dersinde Yaratıcı Drama Yönteminin Öğrencilerin Başarı ve Kalıcılık Düzeyine Etkisi. Muğla Üniversitesi Sosyal Bilimler Enstitüsü. Yüksek Lisans Tezi. Muğla.

Kaya, S., (2008). Fen Öğretiminde Yapılandırmacı Yaklaşımın İlköğretim İkinci Kademe Öğrencilernin Başarıları Üzerine Etkisi, Selçuk Üniversitesi, Fen Bilimleri Enstitüsü, Yüksek Lisans Tezi, Konya.

Koç, F., Yaratıcı Dramanın Öğrenmeye Etkisi – Sosyal Bilgiler Öğretiminde Bir Yöntem Olarak-, Ankara Üni., Sosyal Bilimler Enstitüsü, Yüksek Lisans Tezi, Ankara, 1999.

Kyriacou, C.(2002). Active Learning in Secondary School Mathematics, British Educational Resarch Journal, 8.

Laçin, Ö., (2005) **Yapılandırmacılık (Constructivism).**

(http://www2.aku.edu.tr/~gocak/program%20gelpdf/YAPILANDIRMACILIK. pdf erişim 30 eylül 2007)

Matthews, M.R., (2006) Constructivism In Science And Mathematics Education. University of New South Wales, Sdney, 2052 Australia. **http://wwwcsi.unian.it/educa/inglese/matthews.html** Erişim (21.02.2012)

MEB (Millî Eğitim Bakanlığı Talim ve Terbiye Kurulu Başkanlığı). (2004). Fen ve Teknoloji Dersi Programı, İlköğretim 4.–5. Sınıf. Ankara.

MEB (Millî Eğitim Bakanlığı Talim ve Terbiye Kurulu Başkanlığı). (2005). İlköğretim Fen ve Teknoloji Dersi Öğretim Programı 4.–5. Sınıf. Ankara. http://ttkb.meb.gov.tr/program.aspx internet adresinden 25.03.2012 tarihinde alınmıştır.

Micolli, L. 2003 English Through Drama for Oral skills development, ELT. Journal: Apr; 57,2; ProQuest Education Journals, pg.122.

Morgül, M., (2006). Eğitimde Yaratıcı Dramaya Merhaba, Kök Yay., 4. Basım, Ankara.

Önder, A., (1999). Yaşayarak Öğrenme İçin Eğitici Drama, Epsilon Yay., 1. Baskı, İstanbul.

Özdemir, O., (2010). Doğa Deneyimine Dayalı Çevre Eğitiminin İlköğretim Öğrencilerinin Çevrelerine Yönelik Algı Ve Davranışlarına Etkisi. Pamukkale Üniversitesi Eğitim Fakültesi Dergisi, Sayı 27, 2010, s. 125-138

Özdemir, P., Üstündağ, T. (2007). Creative Drama Curriculum Related to the Scientists in Science and Technology. Elementary Education Online, 6 (2), 226-233.

Özden, Y. (1999) Ögrenme ve Ögretme. Ankara: Pegem-A Yayıncılık. 3. Baskı.

Özoğlu, S. (1993). Yaygın Eğitim Düzeyinde Çevre için Eğitim. Çevre Eğitimi. Ankara: Türkiye Çevre Vakfı Yayınları.

Pesen, C., (2008). Yapılandırmacı Öğrenme Yaklaşımına Göre Matematik Öğretimi. 4. Baskı Pegem. Ankara

Püsküllüoğlu, A. (2004). Arkadaş Türkçe Sözlük (8. Baskı), Arkadaş Yay., Ankara

Robbie, S. (1997). Along the Yellow Brick Road: Wcaving Metaphors in the Foreign Language Classroom. Researching Drama and Theatre in Education. International Conference, University of Exeter, April 8th-12th.

Sağlamöz, G., (2006). Bir Eğitim Yöntemi Olarak Drama. 1985- 1995 Yazılar. (Edt. H. Ömer Adıgüzel,). Ankara: Naturel Yayınları.

San, İ., (1990). Eğitimde Yaratıcı Drama. Ankara Üniversitesi Eğitim Bilimleri Fakültesi Dergisi. Syf. 573-582

San, İ. (1991). "Yaratıcı Drama-Eğitsel Boyutları", Buca Eğitim Fakültesi 1. İzmir Eğitim Kongresi, 25-27 Kasım 1991, İzmir 1991, s. 558-565.

San, İ. (2006 s.113). "Yaratıcı Drama –Eğitsel Boyutları" Yaratıcı Drama 1985- 1995 Yazılar. (Edt. H. Ömer Adıgüzel,). Ankara: Naturel Yayınları.

San, İ. (2006 s.119). "Yaratıcı Drama –Eğitsel Boyutları" Yaratıcı Drama 1985- 1995 Yazılar. (Edt. H. Ömer Adıgüzel,). Ankara: Naturel Yayınları.

Saraç, G. (2007). The Use of Creative Drama in Developing the Speaking Skills of Young Learners. Gazi Üniversitesi Fen Bilimleri Enstitüsü. Yüksek Lisans Tezi. Ankara.

Solmaz, G., (2010). İşbirlikli Öğrenme Yoluyla Kavramsal Anlamaya Yönelik Öğretimin Öğrencilerin Çevre Kavramlarını Anlamalarına Ve Çevre Farkındalıklarına Etkisi: 7. Sınıf "İnsan Ve Çevre" Ünitesi Örneği. Dokuz Eylül Üniversitesi Eğitim Bilimleri Enstitüsü. İzmir.

Şener, S. (1997). Yaşamın Kırılma Noktasında Dram Sanatı, Yapı Kredi Yay., İstanbul

Teker, E. (2009). Fen Ve Teknoloji Öğretiminde Yaratıcı Drama Yönteminin Kullanılmasının İlköğretim Öğrencilerinin Fenne Yönelik Görüşlerine Ve Çevre İle İlgili Problem Durumlara Etkisi. Abant İzzet Baysal Üniversitesi. Yüksek Lisans Tezi. Bolu.

Tuncel, S. (2009). İlköğretim 6. Sınıf Fen ve Teknoloji Dersinde Maddenin Tanecikli Yapısı Ünitesinin Yaratıcı Drama ile Öğretiminin Öğrencilerin Başarısına Etkisi. Selçuk Üniversitesi Fen Bilimleri Enstitüsü. Konya.

Tutuman, O. Y. (2011). Türkçe Öğretmenlerinin Yaratıcı Drama Uygulama Yeterlilikleri. Dokuz Eylül Üniversitesi Eğitim Bilimleri Anabilim Dalı. Yüksek Lisans Tezi. İzmir.

Üstündağ, T., (1994). Günümüz Eğitiminde Dramanın Yeri, Ankara, Atölye Yayıncılık, 1994.

Üstündağ, T. (2003) Yaratıcı Drama Öğretmenimin Günlüğü. Ankara: Pegem- A yayıncılık.

Üstündağ, T. (2006 s.243). Günümüz Eğitiminde Dramanın Yeri Yaratıcı Drama 1985-1995 Yazılar. (Edt. H. Ömer Adıgüzel,). Ankara: Naturel Yayınları.

Yağmur, E. (2010). 7.Sınıf Fen Ve Teknoloji Dersinin Yaratıcı Drama Destekli İşlenmesinin Eleştirel Düşünme Becerisi Ve Başarı Üzerine Etkisi. Sakarya Üniversitesi Fen Bilimleri Enstitüsü. Yüksek Lisans Tezi. Sakarya.

Yalım, N. (2003). İlköğretim Dördüncü Sınıf Fen Bilgisi Dersinin Yaratıcı Drama Yöntemi İle Öğretiminin Öğrencilerin Akademik Başarılarına Etkisi. Eskişehir Anadolu Üniversitesi Eğitim Bilimleri Enstitüsü Yüksek Lisans Tezi. Eskişehir.

Yangın, S., (2007). 2004 Öğretim Programı Çerçevesinde İlköğretimde Fen Ve Teknoloji Dersinin Öğretimine İlişkin Öğretmen Ve Öğrenci Görüşleri. Gazi Üniversitesi, Eğitim Bilimleri Enstitüsü, Doktora tezi, Ankara.

Yılmaz, G. (2006). Fen Bilgisi Öğretiminde Drama Yönteminin Kullanımı. Pamukkale Üniversitesi Fen Bilimleri Enstitüsü. Yüksek Lisans Tezi. Denizli.

Zayimoğlu, F. (2006). İlköğretim 6. Sınıf Sosyal Bilgiler Dersi "Coğrafya ve Dünyamız" Ünitesinde Yaratıcı Drama Yöntemi Kullanımının Öğrenci Başarısı ve Tutumlarına Etkisi. Gazi Üniversitesi Eğitim Bilimleri Enstitüsü. Yüksek Lisans Tezi. Ankara.

EKLER

Ek. 1

KONULAR	29.03.2012	05.04.2012	12.04.2012	19.04.2012
Çevre Kirliliği	X			
Toprak Kirliliği		X		
Su Kirliliği			X	
Hava Kirliliği				X

UYGULAMA PLANLARI **Ek.2**

Ders: Fen ve Teknoloji Dersi

Sınıf: 4-B

Süre: 13.00 – 15.30

Tarih: 22.03.2012

Oturum: Tanışma – İletişim Çalışmaları

Amaç: Öğrencileri yaratıcı drama ile tanıştıracak etkinlikler gerçekleştirmek.

Yöntem ve Teknikler: Yaratıcı drama, canlandırma, rol oynama

Araç – Gereçler: Dizüstü bilgisayar, hoparlör, kâğıt, kalem, sözsüz hareketli müzikler.

Isınma – Hazırlık

1. Etkinlik

Çember olunur. Önce öğretmen kendi adını söyleyerek çemberde başka bir öğrenciye doğru yönelir. Ona doğru giderken sürekli kendi adını söyler ve çemberde bir başka kişinin eline vurarak onun yerine geçer. Eline vurulan öğrenci diğer bir öğrenciye kendi adını söyleyerek gider ve elini vurur. Etkinlik çemberde herkes kendi adını söyleyene kadar devam eder.

2. Etkinlik

Çember olunur. Çemberdeki öğrenciler sırayla ismini söyleyip, isminin ilk harfiyle başlayan bir nesne adı söylerler. "Özgür, ördek gibiyim" vb. İkinci turda, birinci turda söylenen isim bir beden formuyla söylenip, herkes söyleyen kişinin adını ve beden formunun aynısını yapar.

3. Etkinlik

Öğrenciler çember olurlar. Elinde top olan öğrenci diğer öğrencilerden herhangi birine o öğrencinin adını söyleyerek topu atar. Topu alan kişi aynı şekilde başka bir öğrenciye o öğrencinin adını söyleyerek topu atar. Etkinlik herkes en az bir kez adını söyleyene kadar devam eder.

4. Etkinlik

Hareketli bir müzik eşliğinde serbest olarak yürünür ve sonra dans edilmeye başlanır. Müzik durdurulur. Şu şekilde yönergeler verilir:

- Üzerinde kırmızı giysisi olanı bul ve dokun, don.
- Gözlüklü olan birini bul, dokun, don.
- Kısa saçlı olanı bul, dokun, don.
- Gözleri kahverengi olan birini bul, dokun, don.
- Saçları uzun olan birini bul, dokun don.
- Kumaş pantolonlu birini bul, dokun, don.

-ARA-

5. Etkinlik

Öğrencilerden ikili eşler olmalarını istenir. Bu iki eş dış kolları ile yuva oluştururlar. Öğretmen gönüllü olan iki kişiyi ortaya alır. Bu iki öğrenciden birisi tavşan diğer ise tilkidir. Öğretmenin komutu ile tilki tavşanı kovalamaya başlar. Tilki tavşana dokunduğu anda roller değişir. Tavşan tilki, tilki ise tavşan olur. Tavşanın kurtulmak için kaçmak dışında bir şansı daha vardır: ikili eşlerden birinin dış kollarına – yuvalarına- girmektir. Koluna girilen eşin yanındaki eş yeni tavşan olur ve tilki onu kovalamaya başlar.

6. Etkinlik

Öğretmen öğrencilerin küçük bir grup oluşturmalarını ister. Öğrenciler başları önde sessiz bir şekilde beklerlerken öğretmenin komutuyla başlarını kaldırıp başka bir öğrenciye bakarlar. Eğer iki öğrenci birbirine bakıyorsa çığlık atarlar. Çığlık atanlar çemberden ayrılırlar.

7. Etkinlik

Öğretmen öğrencilerin verdiği yönergelere uygun olarak selamlaşmalarını ister. Yönergeler:

- Ayaklarınız ile selamlaşın
- Gözlerinizle selamlaşın
- Omuzlarınızla selamlaşın
- Parmaklarınızla selamlaşın vb.
- Apartman kapıcısı ile karşılaştıklarını ve selamlaşmalarını,
- Arkadaşları ile kütüphanede karşılaştıklarını ve selamlaşmalarını ister.

Canlandırma

8. Etkinlik

A: İftira atan

B: İftira atılan

A: Ürünü iade etmek isteyen

B: Ürünü iade almak istemeyen

Değerlendirme

9. Etkinlik

- Öğrencilere küçük kâğıtlar dağıtılır. Bugünkü çalışmada neler hissettiklerine dair kâğıtlara birer cümle yazmaları istenir.
- " En güzel, en eğlenceli günlerimden biriydi."
- " Drama çok güzelmiş, çok sevdim."
- " Rol yaparken gerçek bir sahnede gibiydim."
- " Bugün çok eğlendim, drama yaparken çok sevinçliydim."
- " Bugün yaptığım şeyleri çok sevdim, her zaman burada olmak istiyorum."
- " Arkadaşlarımla daha çok oyun oynadım, onlarla birlikte oldum."
- " Düşündüğümden çok daha eğlenceli bir gün geçirdim, dramayı çok sevdim"

Ders: Fen ve Teknoloji Dersi

Sınıf: 4-B

Süre: 13.00 – 15.30

Tarih: 29.03.2012

Oturum: Çevremizdeki Kirlilik

Yöntem ve Teknikler: Yaratıcı drama, canlandırma, rol oynama, beyin fırtınası

Araç – Gereçler: Dizüstü bilgisayar, hoparlör, kâğıt, kalem, **Dazkarieh – Sansorgui, Chopin – Adagio, Farid Farjad - Sahel Va Darya**.

Isınma – Hazırlık

1. **Etkinlik (Balık Ağı Oyunu)**

Öğretmen öğrencilerden bir gönüllü seçer. Gönüllü kişi ebedir ve dokunduğu kişinin elinden tutarak zincirine katar. Daha sonra dokunulan öğrenci zincirin bir sonraki halkasını oluşturur. Bu oyunda yalnızca ebe dokunabilmektedir. Öğretmenin yönergesine uygun olarak öğrenciler müziğin ritmine göre yavaş ya da hızlı hareket ederler.

(Feride KUKUL atölyesinden alınmıştır.)

2. **Etkinlik (Sincap Yuvada)**

Öğretmen öğrencilerden üçerli eşler olmalarını ister. Eşlerden ikisi birbirlerinin ellerini tutup yuva oluştururlar. Yuvanın içerisindeki öğrenci ise sincap olur. Öğretmenin 'değiştir' komutu ile ev içerisindeki sincaplar çıkarlar ve kendilerine başka bir yuva bulurlar. Sincap (o an için) çıktığı yuvaya giremez.

Etkinliğin ikinci aşamasında öğretmen oyuna 'hep birlikte' komutunu ekler. Bu komuta göre -'hep birlikte' yönergesini duyan- öğrenciler açıkta kalmayacak şekilde yeniden birer yuva kurup yeni sincaplarla etkinliğe devam ederler.

Öğretmen etkinlik sonrasında her canlının kendisine ait bir yuvası ve çevresi bulunduğunu, insanların da bu canlılara ve yuvalarına saygıda bulunmaları gerektiğini eğer gerekli saygı gösterilmezse canlıların bu oyundaki sincaplar gibi yuvasız kalabileceklerini belirtir.

3. Etkinlik (Hırsız – Polis)

Lider katılımcıların ikişerli gruplar olmalarını ister. Eşlerden birisi (polis) arkasını döner. Diğer eş (hırsız) üzerinde 3 değişiklik yapar. Polis arkasını döndüğünde hırsız olan katılımcının üzerindeki 3 değişikliği bulmaya çalışır.

İkinci aşamada eşler değişir: polis olan hırsız, hırsız olan polis olur ve etkinlik devam eder.

Öğretmen etkinlik sonrasında çevremizde meydana gelen değişikliklerin ne kadar farkındayız? Sorusunu kendimize sıkça sormamız gerektiğini belirtir. Bu sorunun beraberinde çevrenin farkında olup olmadığımız hakkında bilgi sahibi olabileceğimizi söyler.

-ARA-

Canlandırma

4. Etkinlik

Öğretmen öğrencilerden A ve B şeklinde eşler olmalarını ister. A'lar gözleri kapalı olan B'leri gezdirirken öğretmen öğrencilere *Şu an da dışarıda geziyorsunuz. Kaldırım kenarlarına, çöp kenarlarına atılmış bazı şeyler görüyorsunuz. Okulun dışına çıktığınızda evinize doğru giderken de etrafta olmaması gerektiğini düşündüğünüz şeyler var.* der. Öğretmen A'lardan yavaşça B'lerin omuzlarına dokunmalarını ve B'lerin de gözlerini açmalarını ister. Daha sonra B'ler gözleri kapalı olan A'ları gezdirirler. Öğretmen az önce söylediklerini tekrar eder. Daha sonra B'lerde gözlerini açarlar.

Etkinliğin ikinci aşamasında öğretmen her iki kişilik gruba birer kâğıt verir ve bu kâğıda gözleri kapalı iken neler gördüklerini yazmalarını ister.

Etkinliğin üçüncü aşamasında öğrenciler kâğıtlara yazdıklarını tüm öğrencilerle paylaşırlar.

Kazanım

1) Tüm çevresini gözden geçirir. Çevresinde bulunan canlı ve cansız maddelerin farkına varır.

2) Yakın çevresindeki kirliliği fark eder ve bu kirliliğe neden olan maddeleri listeler. Kazanımları göz önüne alınarak yapılmıştır.

5. Etkinlik

A: Öğretmeniniz sınıfa geldi ve bir çevre projesinde çalışacak gönüllü bir öğrenciye ihtiyacı olduğunu söyledi. Siz bu projede yer almak istiyorsunuz. Bir arkadaşınızda aynı şekilde projede yer almak istiyor. Arkadaşınızı projeye katılmamaya ikna edin.

B: Öğretmeniniz sınıfa geldi ve bir çevre projesinde çalışacak gönüllü bir öğrenciye ihtiyacı olduğunu söyledi. Siz bu projede yer almak istiyorsunuz. Bir arkadaşınızda aynı şekilde projede yer almak istiyor. Arkadaşınızı projeye katılmamaya ikna edin.

A: Okulda çevre kulübüne başkan olmak istiyorsunuz. Bu görevi en iyi kendinizin yapacağını düşünüyorsunuz. Diğer başkan adayını kendinizin bu görevde daha faydalı olacağınıza ikna edin.

B: Okulda çevre kulübüne başkan olmak istiyorsunuz. Bu görevi en iyi kendinizin yapacağını düşünüyorsunuz. Diğer başkan adayını kendinizin bu görevde daha faydalı olacağınıza ikna edin.

A: Okuldaki öğrenciler ile birlikte bir geziye gittiniz. Arazide bir arkadaşınızın ender bulunan bir bitkiye zarar verdiğini görüyorsunuz. Arkadaşınıza bunu yapmaması gerektiğini açıklayın

B: Okuldaki öğrenciler ile birlikte bir geziye gittiniz. Arazide bulunan bir bitkiyi incelemek için elinize aldınız. Bu bitkinin çok önemli olduğunu düşünmüyorsunuz.

A: Siz bir çevrecisiniz. Bu bölgede mutlaka korunması ve kirletilmemesi gereken alanlar bulunmaktadır. Gerekli araştırmaları ve incelemeleri yapmak istiyorsunuz.

B: Bir iş adamısınız. Bu bölgede bir fabrika yapmak ve bir an önce fabrikayı faaliyete geçirmek istiyorsunuz. Bölgenin korunması ve kirletilmemesi gerektiğini biliyorsunuz ama fabrikanın ülkeye daha fazla katkı geçirecek olduğunu düşünüyorsunuz.

(Feride KUKUL projesinden alınmıştır.)

Değerlendirme

6. Etkinlik

Gelecek kuşaklara -100 yıl sonrasına- bugünü anlatmak için zaman kapsülüne bir mektup bırakacağız. Bu mektupta bugün gezegenimizi bekleyen tehlikelerin neler olduğunu ve gezegenimize sahip çıkmanın öneminden bahsedeceğiz. Mektuplar bitildikten sonra, herkes yazdığını bir zarfa koyup zaman kapsülünün içine atar.

(Feride KUKUL projesinden alınmıştır.)

Öğrencilerin zaman kapsülüne attıkları mektuplardan bazıları;

Mektup 1.

Sizi bekleyen çevre sorunları var. Şu an atılan milyonlarca çöp size zarar verecek. Çevre kirliliğini yaşayarak göreceksiniz ve ne anlatmak istediğimi o zaman daha iyi anlayacaksınız. İnsanlar geleceği düşünemiyorlar ve çevreyi kirletiyorlar. Bu çevre kirliliği sağlığınıza zarar verecek.

Zeynep Cansu ERCİYES

Mektup 2.

2112'ye;

Çocuklar " Dünyamız çok büyük nasılsa tümü kirlenmez" demeyin. Sizler küçücük bir yeri kirletseniz bile orası artık büyük bir bölgeyi tehlikeye atacaktır. Sadece siz değil, Dünyayı herkes kirletebilir. Görürseniz uyarın. O kişi tüm Dünyaya zarar verebilir. Siz, sevdikleriniz bu yüzden zarar görürsünüz. Bunun için çevreyi kirletmeyin, kendinizi de başkasını da tehlikeye atmayın. Temiz olun.

Sevgilerle...

Cevahir İlayda POLAT

Mektup 3.

Dünyayı koruyun, sakın kirletmeyin. Ormanlara fabrika ve binalar kurmamanızı tavsiye ederim. Ormanlarda kim bilir kaç tane canlı var. Yerlere çöp atmayın yani kirletmeyin gelecek nesildeki çocuklar size bakarak örnek alsınlar. Onların çocukları da onlara bakarak örnek alsınlar.

Gelecek nesillere...

Aleyna ASLAN

Mektup 4.

Merhaba,

Benim adım Sedanur DEVELİOĞLU. Ben hiçbir zaman bu çevrenin temiz olduğunu görmedim. Umarım sizler bizim gibi çevreyi kirletmiyorsunuzdur. Bazı insanlar çevreyi temiz tutmaya çalışıyorlar ama olmuyor, yetmiyor. Çünkü bu Dünyada çok az temiz tutmaya çalışan insan var. İnsanların %85 çevreyi kirletirken %15'i temiz tutmaya çalışıyor. Lütfen çevremizi kirletmeyelim.

Sedanur DEVELİOĞLU

Mektup 5.

Merhaba,

Benim adım Furkan ERCİYES. Çevre kirlilikleri sizi çok hasta edebilir. Bunun için çevremizi temiz tutalım. Kirlilikler sizleri öldürebilir. Önlemlerimizi alırsak bunları önlemiş olabiliriz. Önlemler için mesela yerlere pil atmayalım, çöpleri çöp kutusuna atalım. Benden bu kadar.

Furkan ERCİYES

Ders: Fen ve Teknoloji Dersi

Sınıf: 4-B

Süre: 13.00 – 15.30

Tarih: 05.04.2012

Oturum: Toprak Kirliliği

Yöntem ve Teknikler: Yaratıcı drama, canlandırma, rol oynama, beyin fırtınası

Araç – Gereçler: Dizüstü bilgisayar, hoparlör, kâğıt, kalem, bilgi kartları, fon karton, pastel boyalar, **Shantel - Disko Partizani, Helena Paparizou - My Number One, Don Omar – Dale Don Dale**.

Isınma – Hazırlık

1. Etkinlik

Öğretmen öğrencilerin müzik eşliğinde yürümelerini, müzik durduğunda öğrencilerin birbirlerine yönergelerine uygun olarak "merhaba" demelerini ister.

- Öğrencilerin avuçlarını yere vurarak "merhaba" demelerini,
- Öğrencilerin şaşkın bir ifadeyle "merhaba" demelerini
- Öğrencilerin mutlu bir ifadeyle "merhaba" demelerini
- Öğrencilerin kızgın bir ifadeyle "merhaba" demelerini
- Öğrencilerin fısıltıyla "merhaba" demelerini ister.

2. Etkinlik

Öğretmen öğrencilerle "Hava, Toprak, Su" oyunu oynayacaklarını söyleyerek oyunun kurallarından bahseder. Buna göre öğretmen hava dediğinde öğrencilerin uçuyormuş gibi, öğretmen toprak dediğinde öğrencilerin koşuyormuş gibi ve öğretmen su dediğinde öğrencilerin yüzüyormuş gibi yapmalarını ister.

Öğretmenin dediğini yanlış anlayan, yaparken şaşıran ve yapmakta geç kalan öğrenciler oyundan çıkarak öğretmene hakemlik konusunda yardım ederler (oyundan tamamen dışlanmamaları adına). Son kalan öğrenci kazanan ilan edilir ve oyun tamamlanır. (Tülay Üstündağ – Yaratıcı Öğretmenimin Günlüğü adlı kitaptan yararlanılmıştır.)

3. Etkinlik

Öğretmen öğrencilerin çember oluşturmalarını ister. Çember oluşturan öğrencilere yavaşça gözlerini kapatmalarını ve son 24 saat içerisinde kullandıkları orman ürünlerini düşünmelerini ister. Akıllarına gelen ürünleri sessiz sözsüz bir şekilde pantomimle canlandırmalarını ister.

Öğretmen tüm öğrencilerin canlandırmalarına izin verdikten sonra "Peki bu canlandırdıklarınız olmasaydı ne yapardık?" sorusunu iletir ve öğrencilerin görüşlerini dinler. (Tülay Üstündağ – Yaratıcı Drama Öğretmenimin Günlüğü adlı kitaptan yararlanılmıştır.)

Etkinliğin sonunda öğretmen öğrencilere ormanların tahrip edilmesi kullandığımız bu malzemelerden bizleri mahrum bırakacaktır. Ormanlar evler fabrikalar yapılmak için işgal edilmemelidir. Onlar yeryüzünün akciğerleri, nefes kaynağıdırlar der.

4. Etkinlik

Öğretmen sınıfın belirli yerlerine gazete kâğıdı koyar. Öğrencilerin 1'den 4'e kadar saymalarını ister. Aynı rakamı oluşturanlar grup oluştururlar. Öğretmen önce 1'ler ile başlayarak müzik eşliğinde yürümelerini ve müziği durdurduğunda ise gazete kâğıtlarının üzerine çıkmalarını ister.

Öğretmen daha sonra sürece 2'leri katar ve müzik eşliğinde yürümelerini ve müziği durdurduğunda ise gazete kâğıtlarının üzerine çıkmalarını ister.

Öğretmen daha sonra sürece 3'leri katar ve müzik eşliğinde yürümelerini ve müziği durdurduğunda ise gazete kâğıtlarının üzerine çıkmalarını ister.

En sonunda öğretmen gazete sayısını değiştirmeden 4'leri de oyuna dâhil eder ve müzik eşliğinde yürümelerini ve müziği durdurduğunda ise gazete kâğıtlarının üzerine çıkmalarını ister.

Etkinliği tamamlamadan önce öğretmen "Az kişi varken mi yoksa çok kişi varken mi gazete bulmakta zorlandınız. Hangisinde alanlarınız daha çok kısıtlandı" der.

Gelen görüşler üzerine öğretmen artan nüfusun hem çevreyi işgal ettiğini hem de işgal ettiği alanda kirliliklere neden olduğunu vurgular.

5. Etkinlik

Öğretmen öğrencilerin 1'den 5'e kadar sayarak aynı rakamları söyleyenlerin grup oluşturmalarını ister. Her bir gruba toprak kirliliğine dair bilgi kartları vererek toprak kirliliği konusunda bilgilenmelerini sağlar. Sonrasında öğretmen öğrencilere dramatik durumlar vererek canlandırma yapmalarını ister.

Canlandırma

6. Etkinlik

Öğretmen öğrencilerden aşağıda verilen canlandırmayı yapmaları için ikili eşler olmalarını ister. Öğretmenin yönergesiyle öğrenciler donarlar ve öğretmenin dokunduğu ikili canlandırmasını bulunduğu yerde sergiler.

A: Yüksek verim almak adına toprak için zararlı olduğunu bildiği bir tarım ürününü kullanıyor.

B: Elde edilecek verimden çok toprağın zarar görmemesinin önemli olduğunu söylüyor ve o ürünün kullanılmasını istemiyor.

Öğretmen birkaç yıl iyi ürün almak adına asıl verimli şey olan toprağın yapısının bozulmasının çok büyük zararlar verebileceğini ve aynı toprakta bir daha üretimin kolay olamayacağını belirtir.

7. Etkinlik

Öğretmen katılımcıların 1'den 5'e kadar saymalarını aynı rakamı söyleyenlerin grup oluşturmalarını ister.

Öğretmen öğrencilerin bu oturuma ilişkin görüş ve düşüncelerini yansıtacakları birer gazete oluşturmaları için her gruba birer fon kartonu verir. Öğrencilerden gazete adı, manşet, resim, karikatür v.b. şeyler çizebileceklerini söyleyerek bir ürün ortaya koymalarını ister.

Ders: Fen ve Teknoloji Dersi

Sınıf: 4-B

Süre: 13.00 – 15.30

Tarih: 12.04.2012

Oturum: Su Kirliliği

Yöntem ve Teknikler: Yaratıcı drama, canlandırma, rol oynama, beyin fırtınası

Araç – Gereçler: Dizüstü bilgisayar, hoparlör, kâğıt, kalem, sözsüz hareketli müzikler.

Isınma – Hazırlık

1. **Etkinlik (İskele- Güverte- Sancak)**

Öğretmen öğrencilere sınıfı bir gemi olarak düşünmelerini söyler. Sınıf iskele, güverte ve sancak olarak üç farklı bölüme ayrılır. Öğretmenin yönergeleri doğrultusunda öğrenciler iskele, güverte ya da sancağa geçerler. Geçeceği yeri şaşıran ve geçmekte geç kalanlar kenarda hakemlik yaparlar. En sona kalan öğrenci kazanan ilan edilir.

2. **Etkinlik (Köpek Balığı Oyunu)**

Öğretmen öğrencilerden yönergelerine uygun olarak serbest şekilde yürümelerini daha sonra yönergesi doğrultusunda durmalarını ister. Öğrencilerin durdukları yerde gözlerini kapatıp başlarını öne eğmelerini ister. Gözler kapalı iken öğretmen öğrencilerden birine dokunur. Dokunulan kişi artık katildir. Öğretmen öğrencilerin gözlerini açarak alanda yürümelerini ister. Etkinlik sürecinde tüm öğrenciler birbirleri ile göz teması kurmak zorundadırlar. Katilin görevi göz göze geldiği arkadaşlarına göz kırpmaktır. Katilin kendisine göz kırptığı öğrenci içinden 5'e kadar sayar ve "Ben öldüm" deyip kenara çekilir. Bu arada katili tahmin edebilen olursa lidere gelip söyler. Eğer katılımcının tahmini doğru ise o katili bulmuş olur ve kurtulur. Katili tahmin eden öğrencinin tahmini yanlış ise o da "Ben öldüm" deyip kenara çekilir.
(Murtaza AYKAÇ atölyesinden uyarlanmıştır.)

Canlandırma

3. Etkinlik

Öğretmen öğrencilerden çember olmalarını ister. Daha sonra öğretmen öğrencilerin yanlarındaki kişi ile ikili eşler oluşturmalarını ister. Eşler kendi aralarında A ve B olarak belirlerler.

A'lar tarlalarını dere suyu ile sulayan çiftçiler, B'ler de dereye atıklarını veren fabrikanın müdürüdür.

A: Beni ilgilendirmez cümlesiyle doğaçlama başlar.

Lider eş zamanlı yapılan bu doğaçlamalara bir müddet izin verdikten sonra yönerge ile durdurur ve dokunduğu eşlerin canlandırmalarını sergilemelerini ister.

(Fatma TELLİ projesinden alınmıştır.)

4. Etkinlik

Öğretmen öğrencilerin 1'den 5'e kadar sayarak aynı rakamları söyleyenlerin grup oluşturmalarını ister. Her bir gruba su kirliliğine dair bilgi kartları vererek su kirliliği konusunda bilgilenmelerini sağlar. Sonrasında öğretmen öğrencilere dramatik durumlar vererek canlandırma yapmalarını ister. Bu gruplara dramatik durumlar içeren birer durum kartı verir ve bu duruma dair doğaçlamalar yapmalarını ister.

Durum kartları:

Birinci grup: İçme suyuna karışan mikrop yüzünden hastanedeki hasta sayısı artmıştır. Doktorlar kendi aralarında bu durumu konuşmaktadırlar.

İkinci grup: Su kesintisi nedeniyle işleri yarım kalan kadınlar kendi aralarında konuşmaktadırlar.

Üçüncü grup: Avdan ağları boş dönen balıkçılar buna denizlerdeki kirliliğin neden olduğunu düşünmektedirler. Bu konu hakkında aralarında konuşurlar.

Dördüncü grup: Petrol tankerinin bir başka gemiyle çarpışması nedeniyle denize petrol sızmıştır. Denizdeki canlılar aralarında bu durum hakkında konuşmaktadırlar.

(Fatma TELLİ projesinden alınmıştır.)

Değerlendirme

5. Etkinlik

Öğretmen öğrencilerin 1'den 5'e kadar sayarak grup oluşturmalarını ve aynı rakamı söyleyen öğrencilerin grup oluşturmalarını ister. Öğretmen gruplara su kirliliği ile ilgili birer fotoğraf ve A4 kâğıt verir. Öğretmen gruptaki öğrencilerden bu fotoğrafların kendilerine neler çağrıştırdığını birer kelime olacak şekilde yazmalarını ister.

Seçilen kelimeler:

- Su kirliliği
- Doğa
- Petrol
- Zararlı
- Susuzluk
- Hastalık
- Nüfus artışı
- Atık
- Ölüm
- Kirlilik sebepleri

Seçilen kelimeler kullanılarak grupların su kirliliği ile ilgili öykü yazmaları istenir.

Grupların yazdıkları öyküler şunlardır:

1. Grup

Doğa Kirliliği

Bir zamanlar Afrika'da yaşayan bir çocuk varmış. Bu çocuğun babası balıkçıymış. Zararlı atıklar ve su kirliliği nedeniyle bu balıkçı balık tutamıyormuş. Nüfusun artmasıyla da sular daha fazla kirlenmeye başlamış. Suların kirliliği de insanların susuz kalmalarına ve insanların ölmelerine neden olmuş.

2. Grup

Kirlilik

Sular kirleniyordu. Fabrika atıkları doğayı kirletiyordu. Bu durum su kirliliğine de neden oluyordu. Bu yüzden hastalıklar yayılıyordu. Nüfus artışı ise bu durumu tetikliyordu. Petrol ve onun gibi atıklar ise denizlerdeki canlıları öldürüyordu. Bu kirlilik sebeplerinden olan atıklar susuzluğu da tetikliyor, ölümler çoğalıyordu. Bu durumu Afrika'daki insanlarda görmek mümkündü. Afrika'da insanlar kuraklık nedeniyle ölüyorlardı.

3. Grup

Çevremiz

Dünyamızda su kirliliği ve atıklar nedeniyle ölümler artıyor. Doğamız zararlı atıklar yüzünden kirleniyor. Bu atıklar insanları hasta ediyor. Nüfusun artmasıyla atıkların zararları daha çok oluyor. Petrolün denizlere karışması da kirlilik sebeplerindendir.

4. Grup

Su Kirliliği

Doğadaki canlılar suyu kullanmak zorundalar. Su kirliliği birçok canlının ölümüne neden oluyor. Petrol, denizlerde ve karada yaşayan canlılara da zarar veriyor, hastalandırıyor. Su içemeyen canlılar ise susuzluktan ölüyorlar. Nüfus artışı yüzünden atıklar da artıyor. Kirlilik sebepleri bunlardır. Lütfen çevremizi kirletmeyelim.

5. Grup

Çevre Kirliliği

Doğada yaşayan insanlar suya atıklar atıyorlar. Bu atıklar su kirliliğine neden oluyor. Nüfus arttıkça petrol ihtiyacı artıyor ve petrol de atık olarak atılıyor. Atıkların zararlarından dolayı insanlar hastalanıyor ve ölüyorlar. Susuzluk da git gide atıyor. Kirlilik sebepleri; atıklar, çöpler, sakızlar, piller vb. doğaya zarar veriyor.

Ders: Fen ve Teknoloji Dersi

Sınıf: 4-B

Süre: 13.00 – 15.30

Tarih: 19.04.2012

Oturum: Hava Kirliliği

Yöntem ve Teknikler: Yaratıcı drama, canlandırma, rol oynama, beyin fırtınası

Araç – Gereçler: Dizüstü bilgisayar, hoparlör, kâğıt, kalem, sözsüz hareketli müzikler.

Isınma – Hazırlık

1. Etkinlik

Öğretmen öğrencilerden nefes alıp vererek rahatlamalarını ister. Daha sonra yönergelere uygun olarak vücutlarını hareket ettirmelerini ve bedensel olarak ısınmalarını sağlamak adına bazı yönergeler verir;

- Başımızı öne, arkaya, sağa ve sola doğru hareket ettirelim.
- Başımızla önde yarım daire çizelim.
- Başımızla geride yarım daire çizelim.
- Başımızla tam bir daire çizelim
- Omuzlarımızla öne doğru daireler çizelim.
- Omuzlarımızla geriye doğru daireler çizelim.
- Kollarımızı ve ellerimizi aşağı doğru sallayalım.
- Belimizi küçük hareketlerle çevirelim.
- Dizlerimizi tutarak daireler oluşturalım.
- Ayakucumuzu yere değdirerek daireler oluşturalım.

2. Etkinlik

Çember olunur. Öğretmen öğrencilerin "Hava, Toprak, Su" şeklinde saymalarını ister. Daha sonra mekânda serbest yürümelerini ve bir süre sonra tekrar çember oluşturmalarını ister. Ortaya gönüllü bir öğrenci alınır. Tüm katılımcılar hep bir ağızdan iki kez "Hava, Toprak, Su" derler. Üçüncü kez de tekrar beraber "Hava, Toprak, Su" denildikten sonra gönüllü öğrenci "Hava, Toprak ya da Su" der. Gönüllü öğrencinin söylediği kişiler kendi aralarında yer değiştirirken ortada bulunan ebe de kendisine bir yer bulmaya çalışır. Ortada kalan kişi yeni ebe olur ve süreci devam ettirir.

Etkinliğin ikinci aşamasında ortadaki gönüllü öğrenci "Doğa" da diyebilir. Buna göre öğrenci eğer "Doğa" derse tüm öğrenciler yerlerinden ayrılarak kendilerine bir yer bulmaya çalışırlar ve ebe de o esnada kendisine bir yer bulmaya çalışır.
(Murtaza AYKAÇ atölyesinden uyarlanmıştır.)

3. Etkinlik

F	Ç	E	V	R	E	U	J	F	D	A	O	L	K	T	R	G	J	K	L
Ş	Ö	Ç	I	Y	H	K	L	P	Ş	Ğ	İ	Y	T	F	G	H	K	N	M
I	V	C	D	S	E	Ü	A	Z	Ç	O	L	P	Ğ	Ü	İ	Ç	M	J	U
D	T	F	R	G	H	K	K	İ	R	L	İ	L	İ	K	R	D	L	G	C
E	K	K	Ö	L	O	U	Y	T	T	Y	U	J	N	D	O	Ğ	A	K	A
N	D	C	Z	E	R	S	A	Z	X	H	R	F	Ğ	P	L	Ş	Ü	İ	N
İ	H	B	I	K	M	J	T	F	U	A	L	Ç	Ş	Ğ	Ü	T	N	C	S
Z	Y	G	U	H	A	L	Ö	Ç	Ş	V	D	R	F	C	V	Y	T	F	I
T	D	S	U	E	N	Z	S	D	Y	A	J	K	L	M	Ö	Ç	N	U	Z
N	M	A	T	I	K	L	J	C	Y	H	T	R	D	I	K	L	U	T	Y
H	U	Y	T	F	C	V	N	M	A	Ç	L	P	Ğ	Ş	K	H	F	R	E
L	N	H	K	G	O	Ö	M	B	P	N	Ü	İ	K	L	M	Ö	V	C	Y
T	R	T	Y	U	J	N	M	L	O	P	L	Ç	L	T	O	P	R	A	K
U	Y	T	R	F	Y	A	Ş	A	M	D	T	I	V	B	N	M	K	Ö	Ç

ÇEVRE	DENİZ	CANSIZ
ATIK	YAŞAM	HAVA
ORMAN	KİRLİLİK	CANLI
SU	TOPRAK	DOĞA

Öğretmen öğrencilerden 1'den 5'e kadar sayarak aynı rakamı söyleyen öğrencilerin grup oluşturmalarını ister. Her gruba yukarıdaki sözcük avı türündeki bulmacayı vererek ilk bitiren grubun kazanacağını belirtir.

Sözcük avını ilk tamamlayan grup kazanan ilan edilir ve daha sonra bulmaca hep birlikte çözümlenir.

4. Etkinlik

Öğretmen öğrencilerin sınıfın tamamını kullanarak yürümelerini ve yönergesi doğrultusunda durmalarını ister. Öğrencilerin durdukları yerde gözlerini kapatarak kendisini dinlemelerini ister. **Müzik: Kitaro's World of Music - Caravansary**

Şu anda çiçek kokuları arasında bir bahçede yürüyorsunuz. Yakınlarda akan bir ırmağın sesi sizi kendisine doğru çekiyor. Irmağın üzerinde tahtadan yapılmış küçük bir köprü var. Irmağı izleyerek ve çiçek kokularını içinize çekerek köprüden geçiyorsunuz. Köprünün diğer tarafında daha uzun ve sık ağaçların olduğu büyük bir orman var. Kuş cıvıltıları eşliğinde yürürken uyum içerisindeki doğayı gözlemleme fırsatınız oluyor. Etrafta koşuşturan sincaplar, tavşanlar... Birden uyanarak şehrin içerisinde otomobilde uyuduğunuzu fark ediyorsunuz. Geleceğiniz yere geldiniz ve araçtan inmeniz gerekiyor. Adımınızı atıyorsunuz ve arabadan iniyorsunuz. Olamaz! İner inmez hava sizi boğmaya başlıyor. Havaya alışmaya çalışırken az önceki rüyanızdan hiçbir şeyin etrafınızda olmadığını fark ediyorsunuz. Arabaların egzozlarından çıkan dumanlar, iş yerlerinin bacalarından çıkan kokular sizi boğuyor.

Öğretmen okumasını bitirdikten sonra öğrencilerin gözlerini açmalarını ve neler hissettiklerini anlatmalarını ister. Nerede olmayı tercih ederdiniz? Der.

5. Etkinlik

Öğretmen öğrencilerin 1'den 5'e kadar sayarak aynı rakamları söyleyenlerin grup oluşturmalarını ister. Her bir gruba hava kirliliğine dair bilgi kartları vererek hava kirliliği konusunda bilgilenmelerini sağlar. Sonrasında öğretmen öğrencilere dramatik durumlar vererek canlandırma yapmalarını ister.

Dramatik durum: Tertemiz havası ve çeşit çeşit ağaç ve çiçekleri olan köylerine gelen fabrika sahiplerine fabrikalarının bacalarına filtre takmaları gerektiğini anlatmaya çalışan köylüler.

6. Etkinlik

Çember olunur. Öğretmen öğrencilere birer zarf ve kâğıt vererek öğrencilerden Çevre ve Orman Bakanına hava kirliliklerini çözüme kavuşturmak adına düşüncelerinin yer aldığı bir mektup yazmalarını ister. (Fatma TELLİ projesinden alınmıştır.)

Öğrencilerin zaman kapsülüne attıkları mektuplardan bazıları;

Mektup 1.

Mektubuma başlarken ormanları, doğayı düşündüm. Doğayı ormanı kirleten kişileri uyarıyoruz ama yine de zehirli atıklar ormanı, doğayı kirletiyor. Fabrikalar havayı kirletiyor. Kötü atıklar ise suyu kirletiyor. Toprağı kirli veya zehirli atıklar da kirletiyor. Bu yüzden doğa için yasa koyun. Kameralarla yerlere çöp atanlara cezalar verin.

Ali ÇAY

Mektup 2.

Temiz ormanlara fabrikalar yapılıyor ve bu fabrikalardan çıkan dumanla havayı kirletiyor. İnsanlar bu havayı soluduklarında rahatsızlanıyorlar. Bunu önlemek için fabrika yerine çevreye daha az zarar veren iş yerleri yapılabilir. Bu şekilde çevremiz daha az zarar görür.

Tavşan 42

Mektup 3.

Mektubuma başlarken ormanı kirleten şeylerden bahsedeceğim. Fabrikalar ve kötü atıklar ormanı kirleten şeylerdendir. Fabrikalar havayı, kötü atıklar ise suyu kirletirler. İşte yaşam kaynaklarımızın önemleri çok fazladır. Belki hava su ve topraklarımızı kullanamayacağız. Yaşam kaynaklarımızı koruyalım. Çevre ve orman bakanı siz de fabrika yapanları uyarın. Fabrika yapanlar fabrikalar kurmaktan vazgeçsinler.

Barış GÖKTAŞ

Mektup 4.

Sayın çevre ve orman bakanı size çevremiz hakkında yaptıklarınız için teşekkür ederim. Ama çevremiz temizlense de kirleniyor. Bu yüzden rahatsız oluyoruz. Çevremizde fabrikalar kuruyorlar. Bu fabrikaların bacalarından çıkan duman yüzünden zehirlenebiliriz. Bu yüzden rahatsız oluyoruz. Gereken ilgiyi lütfen veriniz. Sizden bu konuya yardımcı olmanızı istiyoruz. İlginize arz ederim gelecek için.

Çakal 344

Mektup 5.

Çevre ve orman bakanı sizden istediğim fabrikalara filtreler takılması. Çevredeki kirliliklerin olmamasını istiyorum. Çevre temizleyenlerin sayısının artmasını, su tankerlerinin ağaçları sulamasını, çevre düzenlemelerinin yapılmasını bir de yerlere çöp atılmamasına dair afişler asılmasını istiyorum. Çevredeki boş alanlara ağaçlar dikilmesini istiyorum.

Mehmet DAVUTOĞLU

Ek.4

ÇEVRESEL FARKINDALIK ÖLÇEĞİ

Sınıf:

Rumuz:

Sevgili Öğrenciler; Lütfen soruları dikkatli bir şekilde okuyup sorular ile ilgili düşüncelerinizi katılma durumunuza göre işaretleyiniz. Gösterdiğiniz işbirliği ve ilgiden dolayı teşekkür eder, başarılar dilerim. İren Özgün NALÇACI	**Katılıyorum**	**Kararsızım**	**Katılmıyorum**
1. Çevre yalnızca deniz ve ormanlardan meydana gelmektedir.			
2. Nüfus artışı çevreyi olumsuz etkilemektedir.			
3. Evlerde kullandığımız deterjanlar temizliğe yardımcı oldukları için çevreyi kirletmezler.			

4. Biten pilleri pil toplama kutularına atarak çevreye katkıda bulunabiliriz.			
5. Daha iyi ürün almak için toprağa zararlı olsa bile istediğimiz tarım ürünlerini kullanabiliriz.			
6. Teknolojik gelişmeler yaşamımızı kolaylaştırdığı için çevreye verdikleri zararlar önemsizdir.			
7. Çevre kirliliklerinin asıl kaynağı insanlardır.			
8. Ormanlardaki ağaçları kesip odun yaparak yakacak ihtiyaçlarımızı giderebiliriz.			
9. Her canlının kendine özgü bir yaşam alanı vardır.			
10. Sürekli olarak ağaç dikildiği için orman ürünlerini geri dönüştürmek anlamsızdır.			
11. Doğa bizim kadar diğer canlıların da evidir.			
12. Ormanlık alanlar açılarak güzel evler yapılmalıdır.			
13. Petrol ve kömür yerine güneş ve rüzgâr enerjisi tercih edilmelidir.			
14. Doğada yalnızca insana faydalı canlıların yaşamalarına izin verilmelidir.			
15. Plastik yerine kâğıt gibi geri dönüşümlü ürünler tercih edilmelidir.			
16. Doğanın kirletilmesinin etkileri gelecekte daha çok hissedilecektir.			
17. Ormanlar yeryüzünün akciğerleridir.			
18. Etrafın düzenli göründüğü çevre bozulmamıştır.			
19. Doğal kaynaklar hiç tükenmezler.			
20. İnsanoğlu yaşamını sürdürebilmek için doğa ile uyum içerisinde yaşamak zorundadır.			
21. İnsanlar çevreye rahatlıkla uyum sağlayabilirler. Bu yüzden insanların kirlenmiş bir çevrede yaşamaları problem olmaz.			
22. Çevrenin korunması ekonomik büyümeden daha önemlidir.			
23. Doğal kaynaklarımızı gelecek nesiller için korumalıyız.			
24. Çevre sorunları her zaman vardır ve çözülmektedir. Bu nedenle çevre ile ilgili geleceğe dair kaygılanmamak gerekir.			
25. Tüketim alışkanlıklarımızı değiştirmezsek, toprak kalitesi düşecektir.			
26. Türkiye'de fabrika kurulmasına ihtiyacı vardır. Bu durumda fabrikaların neden olduğu çevre kirliliği			

önemsizdir.				
27. Ülkemizde nesli tükenmekte olan birçok bitki ve hayvan türü bulunmaktadır.				
28. Çevre kirliliğinin önlenmesinde bireylerin sorumlulukları çok önemlidir.				
29. Türkiye doğal kaynak açısından zengin bir ülkedir, bu yüzden doğal kaynakların tükenmesi söz konusu değildir.				
30. Çevre kirliliğinin nüfus artışı ile hiçbir ilgisi yoktur.				
31. Çevre kirliliği insan sağlığını olumsuz yönde etkiler.				
32. Denizlerin içinde yüzülemeyecek kadar kirli hale gelmesi doğal bir olaydır.				
33. Herhangi bir etkinlikte bulunurken, her şeyden önce çevreye etkisini göze almalıyız.				
34. Tüketim alışkanlıklarımızın doğal kaynakların tükenmesi ile ilgisi yoktur.				
35. Su ve elektrik kullanırken tasarruflu davranmak, doğal kaynakların tekrar kullanımı açısından önemlidir.				
36. Herkesin çevre kirliliğine etkisi vardır, ancak tüketim alışkanlıklarımıza göre bazılarımız daha fazla etkileriz.				

Öğrencinin **Ek.5**

Adı ve Soyadı:

Sınıfı:

Yaratıcı Drama Yöntemine İlişkin Öğrenci Değerlendirme Formu

Sevgili Öğrenciler;

Bu formda yer alan sorular sizinle "Çevremizdeki Kirlilik" konusu işlenirken kullanılan yaratıcı drama yöntemine ilişkin duygu ve düşüncelerinizi almak için oluşturulmuştur. Bu formda yer alan sorulara vereceğiniz yanıtlar hiçbir şekilde not ile değerlendirilmeyecektir. İçten cevaplarınızla yapacağınız katılımlar için teşekkür ederim.

İren Özgün NALÇACI

Fen ve Teknoloji Öğretmeni

1. Yaratıcı drama yöntemi ile ders işlenirken neler hissettiniz? Neden?

2. Yaratıcı drama yöntemi size neler kazandırdı?

3. Diğer yöntemlere göre yaratıcı drama yöntemi ile ders işlenmesi sizi nasıl etkiledi? Neden?

FSC
www.fsc.org
MIX
Papier | Fördert
gute Waldnutzung
FSC® C083411

Kolibri 360 GmbH
Ferdinand-Jühlke-Straße 7
99095 Erfurt, Deutschland
produktsicherheit@kolibri360.de

Druck:
CPI Druckdienstleistungen GmbH
im Auftrag der
Kolibri 360 GmbH
Ferdinand-Jühlke-Str. 7
99095 Erfurt